建筑工程施工质量标准化指导丛书

结构工程细部做法

中铁建设集团有限公司　主编

中国建筑工业出版社

图书在版编目(CIP)数据

结构工程细部做法/中铁建设集团有限公司主编.—北京：中国建筑工业出版社，2017.3
（建筑工程施工质量标准化指导丛书）
ISBN 978-7-112-20581-3

Ⅰ.①结… Ⅱ.①中… Ⅲ.①建筑结构-结构工程-工程施工-标准化 Ⅳ.①TU3-65

中国版本图书馆 CIP 数据核字(2017)第 048355 号

本书为建筑工程施工质量标准化指导丛书中的一本。本书详细介绍了结构工程细部施工的相关条文规定、施工方法、构造措施、施工管理与质量控制等内容。全书分为三章，钢筋工程、模板工程、混凝土工程。图书内容实用，语言平实，并配有大量施工图片给予直观认识。

本书可供施工单位技术人员培训与工作指导使用，也可供相关专业设计人员、科研人员、高校师生参考。

责任编辑：付　娇　武晓涛
责任校对：李欣慰　姜小莲

建筑工程施工质量标准化指导丛书
结构工程细部做法
中铁建设集团有限公司　主编

＊

中国建筑工业出版社出版、发行(北京海淀三里河路9号)
各地新华书店、建筑书店经销
北京红光制版公司制版
北京利丰雅高长城印刷有限公司印刷

＊

开本：787×1092毫米　1/16　印张：12¾　字数：309千字
2017年4月第一版　　2018年4月第二次印刷
定价：78.00元
ISBN 978-7-112-20581-3
(30254)

本 书 编 委 会

主 任 委 员：汪文忠　赵　伟

委　　　员：贾　洪　吴成木　吴永红　贾学斌　赵向东　钱增志
　　　　　　李　菲　李秋丹　方宏伟　金　飞　刘　政　张学臣
　　　　　　胡　炜　周桂云　刘明海　邢世春　武利平　韩　锋
　　　　　　罗力勤　乔磊　白鸽

主　　　编：贾　洪　钱增志　方宏伟

主要编审人员

电气安装工程：林巨鹏　江期洪　倪晓东　范仿林　赵　淼　刘　勇

设备安装工程：李长勇　卫燕飞　楚鹏阳　黄洪宇　田　菲　曹鹏鹏
　　　　　　　杨金国　张丽平

结 构 工 程：张帅奇　张加宾　林　柘　邓玉萍　吴东浩　许　雷

装饰装修工程：张帅奇　刘神保　杨春光　段毅斌　朱　辉　武利平
　　　　　　　江期洪　喻淑国　陈继云　顾志勇　冯磊杰　乔铁甫
　　　　　　　孟　达　张加宾

建筑屋面工程和地面工程：张帅奇　张加宾　姜大力

幕 墙 工 程：张帅奇　胡中宜　邵洪海　董　国　敖韦华　杨小虎
　　　　　　　张加宾

主 编 单 位：中铁建设集团有限公司
　　　　　　　中国建筑业协会工程质量管理分会
　　　　　　　中铁建设集团设备安装有限公司
　　　　　　　北京中铁装饰工程有限公司
　　　　　　　中铁建设集团北京工程有限公司

前　　言

　　2016 年 3 月 5 日，在第十二届全国人民代表大会第四次会议上，中共中央政治局常委、国务院总理李克强在《政府工作报告》中指出，改善产品和服务供给要突出抓好提升消费品品质、促进制造业升级、加快现代服务业发展三个方面。鼓励企业开展个性化定制、柔性化生产，培育精益求精的工匠精神，增品种、提品质、创品牌。中铁建设集团作为"世界 500 强"——中国铁建股份有限公司的全资子公司，成立 38 年来秉承"安全是天，质量是根"的理念，践行"周密策划、精心建造、优质高效、实现承诺"的质量方针，坚持"双百"方针，持续推进工序质量标准化体系的建设，经过近十年的总结和探索，逐步总结形成了引领企业品质升级的工程质量标准化指导丛书。

　　本次出版的工程质量标准化指导丛书共六册，涵盖了房建工程 9 个分部、62 个子分部、305 个分项工程内容，编制时主要依据国家、行业规范、规程以及国标图集，以直观、明确、规范为目的，采用图文结合的编写形式，针对分部分项工程的关键工序或影响建筑结构安全、使用功能和观感质量的环节，采用一张或多张构造图或图片对应展示，并对其标准做概括性描述，力求简明扼要。

　　丛书在编制过程中得到了中国建筑业协会、中国铁建股份有限公司、北京市住房和城乡建设委员会等单位和各级领导的关怀，得到了业内多家知名企业的帮助，在此表示感谢。由于编者水平有限，难免存在疏漏欠妥之处，读者在阅读和使用过程中请辩证采纳书中观点，并殷切希望和欢迎提出宝贵意见，编审委员会将认真吸取，以便再版时厘定和补正。

编审委员会

目　　录

第1章 钢 筋 工 程

钢筋工程质量控制应从审图翻样、原材进场、加工配送、存放及施工现场控制等多方面展开。同时确定控制的重点和难点，如梁柱节点、剪力墙门窗洞口、悬挑构件、抗震结构的加强区、箍筋加密区等部位，应根据工程具体情况制定相应的措施，确保钢筋工程质量达到工程总的质量目标。

1 钢筋工程施工主要相关规范标准

本条所列的是与钢筋工程施工相关的主要国家和行业标准，也是项目部需配置的，且在施工中经常查看的规范标准。地方标准由于各地不一致，本条未进行列举，但在施工时必须参考。G101、G902、G901等系列图集为建筑施工类图集，可以指导施工人员进行钢筋施工排布设计、钢筋翻样计算和现场安装绑扎，确保施工时钢筋排布规范有序，满足规范规定和设计要求。

《混凝土结构工程施工质量验收规范》GB 50204

《混凝土结构工程施工规范》GB 50666

《混凝土结构设计规范》GB 50010

《钢筋混凝土用钢　第1部分：热轧光圆钢筋》GB 1499.1

《钢筋混凝土用钢　第2部分：热轧带肋钢筋》GB 1499.2

《高层建筑混凝土结构技术规程》JGJ 3

《钢筋焊接及验收规程》JGJ 18

《钢筋机械连接技术规程》JGJ 107

《钢筋机械连接用套筒》JG/T 163

《混凝土结构成型钢筋应用技术规程》JGJ 366

《建筑物抗震构造详图》G329-1

《混凝土结构施工图平面整体表示方法制图规则和构造详图（现浇混凝土框架、剪力墙、梁、板）》G101-1

《G101系列图集常用构造三维节点详图》G902-1

《混凝土结构施工钢筋排布规则与构造详图（现浇混凝土框架、剪力墙、梁、板）》G901-1

《混凝土结构施工钢筋排布规则与构造详图（现浇混凝土板式楼梯）》G901-2

《混凝土结构施工钢筋排布规则与构造详图（独立基础、条形基础、筏形基础及桩基承台）》G901-3

2 强 制 性 条 文

2.1 《混凝土结构工程施工质量验收规范》GB 50204—2015 强制性条文

（1）（第 5.2.1 条）钢筋进场时，应按国家现行相关标准的规定抽取试件作屈服强度、抗拉强度、伸长率、弯曲性能和重量偏差检验，检验结果应符合相应标准的规定。

检查数量：按进场批次和产品的抽样检验方案确定。

检验方法：检查质量证明文件和抽样检验报告。

（2）（第 5.2.3 条）对按一、二、三级抗震等级设计的框架和斜撑构件（含梯段）中的纵向受力普通钢筋应采用 HRB335E、HRB400E、HRB500E、HRBF335E、HRBF400E 或 HRBF500E 钢筋，其强度和最大力下总伸长率的实测值应符合下列规定：

1 抗拉强度实测值与屈服强度实测值的比值不应小于 1.25；

2 屈服强度实测值与屈服强度标准值的比值不应大于 1.30；

3 最大力下总伸长率不应小于 9%。

检查数量：按进场的批次和产品的抽样检验方案确定。

检验方法：检查抽样检验报告。

（3）（第 5.5.1 条）钢筋安装时，受力钢筋的牌号、规格和数量必须符合设计要求。

检查数量：全数检查。

检验方法：观察、尺量。

2.2 《混凝土结构工程施工规范》GB 50666—2011 强制性条文

（1）（第 5.1.3 条）当需要进行钢筋代换时，应办理设计变更文件。

（2）（第 5.2.2 条）对有抗震设防要求的结构，其纵向受力钢筋的性能应满足设计要求；当设计无具体要求时，对按一、二、三级抗震等级设计的框架和斜撑构件（含梯段）中的纵向受力钢筋应采用 HRB335E、HRB400E、HRB500E、HRBF335E、HRBF400E 或 HRBF500E 钢筋，其强度和最大力下总伸长率的实测值，应符合下列规定：

1 钢筋的抗拉强度实测值与屈服强度实测值的比值不应小于 1.25；

2 钢筋的屈服强度实测值与屈服强度标准值的比值不应大于 1.30；

3 钢筋的最大力下总伸长率不应小于 9%。

2.3 《钢筋机械连接技术规程》JGJ 107—2016 强制性条文

（1）（第 3.0.5 条）Ⅰ级、Ⅱ级、Ⅲ级接头的抗拉强度必须符合表 3.0.5 的规定。

接头的抗拉强度 表 3.0.5

接头等级	Ⅰ级		Ⅱ级	Ⅲ级
抗拉强度	$f_{mst}^0 \geq f_{stk}$ 或 $f_{mst}^0 \geq 1.10 f_{stk}$	钢筋拉断 连接件破坏	$f_{mst}^0 \geq f_{stk}$	$f_{mst}^0 \geq 1.25 f_{yk}$

2.4 《钢筋焊接及验收规程》JGJ 18—2012 强制性条文

(1)（第3.0.6条）施焊的各种钢筋、钢板均应有质量证明书；焊条、焊丝、氧气、溶解乙炔、液化石油气、二氧化碳气体、焊剂应有产品合格证。

钢筋进场时，应按国家现行相关标准的规定抽取试件并作力学性能和重量偏差检验，检验结果必须符合国家现行有关标准的规定。

检验数量：按进场的批次和产品的抽样检验方案确定。

检验方法：检查产品合格证、出厂检验报告和进场复验报告。

(2)（第4.1.3条）在钢筋工程焊接开工前，参与该项工程施焊的焊工必须进行现场条件下的焊接工艺试验，应经试验合格后，方准于焊接生产。

(3)（第5.1.7条）钢筋闪光对焊接头、电弧焊接头、电渣压力焊接头、气压焊接头、箍筋闪光对焊接头、预埋件钢筋T形接头的拉伸试验，应从每一检验批接头中随机切取三个接头进行试验并应按下列规定对试验结果进行评定：

1 符合下列条件之一，应评定该检验批接头拉伸试验合格：

1) 3个试件均断于钢筋母材，呈延性断裂，其抗拉强度大于或等于钢筋母材抗拉强度标准值。

2) 2个试件断于钢筋母材，呈延性断裂，其抗拉强度大于或等于钢筋母材抗拉强度标准值。另一试件断于焊缝，呈脆性破坏，其抗拉强度大于或等于钢筋母材抗拉强度标准值的1.0倍。

注：试件断于热影响区，呈延性断裂，应视作与断于钢筋母材等同；试件断于热影响区，呈脆性断裂，应视作与断于焊缝等同。

2 符合下列条件之一，应进行复验：

1) 2个试件断于钢筋母材，呈延性断裂，其抗拉强度大于或等于钢筋母材抗拉强度标准值。另一试件断于焊缝，或热影响区，呈脆性断裂，其抗拉强度小于钢筋母材抗拉强度标准值的1.0倍。

2) 1个试件断于钢筋母材，呈延性断裂，其抗拉强度大于或等于钢筋母材标准值；另2个试件断于焊缝或热影响区，呈脆性断裂。

3 3个试件均断于焊缝，呈脆性断裂，其抗拉强度均大于或等于钢筋母材抗拉强度标准值的1.0倍，应进行复验。当3个试件中有1个试件抗拉强度小于钢筋母材抗拉强度标准值的1.0倍，应评定该检验批接头拉伸试验不合格。

4 复验时，应切取6个试件进行试验。试验结果，若有4个或4个以上试件断于钢筋母材，呈延性断裂，其抗拉强度大于或等于钢筋母材抗拉强度标准值，另2个或2个以下试件断于焊缝，呈脆性断裂，其抗拉强度大于或等于钢筋母材的抗拉强度标准值的1.0倍，应评定该检验批接头拉伸试验复验合格。

5 可焊接余热处理钢筋RRB400W焊接接头拉伸试验结果，其抗拉强度应符合同级别热轧带肋钢筋抗拉强度标准值540MPa的规定。

6 预埋件钢筋T形接头拉伸试验结果，3个试件的抗拉强度均大于或等于表5.1.7的规定值时，应评定该检验批接头拉伸试验合格。若有一个接头试件强度小于表5.1.7的规定值时，应进行复验。

复验时，应切取 6 个试件进行实验。复验结果，其抗拉强度均应大于或等于表 5.1.7 的规定值时，应评定该检验批接头拉伸试验复验合格。

预埋件钢筋 T 形接头抗拉强度规定值   表 5.1.7

钢筋牌号	抗拉强度规定值（MPa）	钢筋牌号	抗拉强度规定值（MPa）
HPB300	400	HRB500、HRBF500	610
HRB335、HRBF335	435	RRB400W	520
HRB400、HRBF400	520		

（4）（第 5.1.8 条）钢筋闪光对焊接头、气压焊接头进行弯曲试验时，应从每个检验批接头中随机切 3 个接头，焊缝应处于弯曲中心点，弯心直径和弯曲角度应符合表 5.1.8 的规定。

接头弯曲试验指标   表 5.1.8

钢筋牌号	弯心直径	弯曲角度（°）
HPB300	$2d$	90
HRB335、HRBF335	$4d$	90
HRB400、HRBF400、RRB400W	$5d$	90
HRB500、HRBF500	$7d$	90

注：1 d 为钢筋直径（mm）；
    2 直径大于 25mm 的钢筋焊接接头，弯心直径应增加 1 倍钢筋直径。

弯曲试验结果应按下列规定进行评定：

1 当试验结果，弯曲至 90°，有 2 个或 3 个试件外侧（含焊缝和热影响区）未发生宽度达到 0.5mm 的裂纹，应评定该检验批弯头弯曲试验合格。

2 当有 2 个试件发生宽度达到 0.5mm 的裂纹，应进行复验。

3 当有 3 个试件发生宽度达到 0.5mm 的裂纹，应评定该检验批弯头弯曲试验不合格。

4 复验时，应切取 6 个试件进行试验。复验结果，当不超过 2 个试件发生宽度达到 0.5mm 裂纹时，应判定该检验批弯头弯曲试验合格。

（5）（第 6.0.1 条）从事钢筋焊接施工的焊工必须持有钢筋焊工考试合格证，并应按照合格证规定的范围上岗操作。

（6）（第 7.0.4 条）焊接作业区防火安全应符合下列规定：

1 焊接作业区和焊机周围 6m 以内，严禁堆放装饰材料、油料、木材、氧气瓶、溶解乙炔瓶、液化石油气瓶等易燃、易爆物品；

2 除必须在施工工作面焊接外，钢筋应在专门搭设的防雨、防潮、防晒的工房内焊接，工房的屋顶应有安全防护和排水设施，地面应干燥，应有防止飞溅的金属火花伤人的设施；

3 高空作业的下方和焊接火星所及的范围内，必须彻底清除易燃、易爆物品；

4 焊接作业区应配置足够的灭火设备，如水池、沙箱、水龙带、消火栓、手提灭火器。

2.5 《混凝土结构成型钢筋应用技术规程》JGJ 366—2015 强制性条文

（1）（第4.1.6条）HRB335E、HRB400E、HRB500E、HRBF335E、HRBF400E 或 HRBF500E 钢筋应用在按一、二、三级抗震等级设计的框架和斜撑构件（含梯段）中的纵向受力部位时，其强度和最大力下总伸长率的实测值应符合现行国家标准《混凝土结构工程施工质量验收规范》GB 50204 的有关规定，其中 HRB335E 和 HRBF335E 不得用于框架梁、柱的纵向受力钢筋，只可用于斜撑构件。

（2）（第4.2.3条）钢筋进加工厂时，加工配送企业应按国家现行相关标准的规定抽取试件作屈服强度、抗拉强度、伸长率、弯曲性能和重量偏差检验，检验结果应符合国家现行相关标准的规定。

检查数量：按进厂批次和产品的抽样检验方案确定。

检验方法：检查钢筋质量证明文件和抽样检验报告。

3 钢筋工程进场管理

3.1 钢筋进场检查

3.1.1 钢筋进场前，应检查其生产企业的生产许可证证书及钢筋质量证明文件（出厂合格证、出厂检验报告）。若出厂合格证为复印件，应与原件内容一致，注明炉批号、原件存放单位、使用部位、进场数量、抄件人、抄件日期，并加盖原件存放单位公章。见图3.1.1-1。每批钢筋的炉牌号（榧子）应收集齐全，并应与钢筋的质量合格证对应一致。见图3.1.1-2。

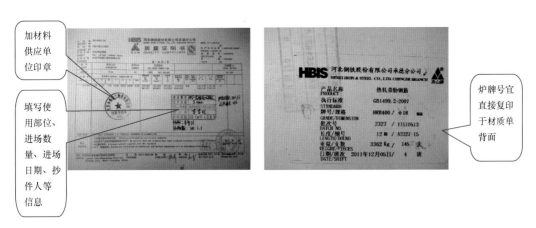

图 3.1.1-1　钢筋质量证明书(印章、填写齐全)　　图 3.1.1-2　钢筋炉牌号（留存并复印）

3.1.2 钢筋进场时，还应进行外观及尺寸偏差检查，应平直、无损伤，表面不得有裂纹、油污、颗粒状或片状老锈。

3.1.3 钢筋进场时，应按国家现行相关标准的规定抽取试件作屈服强度、抗拉强度、伸长率、弯曲性能和重量偏差检验，检验结果应符合相应标准的规定。

【注：钢筋进场时所做复试项目，应注意不同地方要求的差异。如天津地区要求对钢筋的化学成分进行检验。】

3.1.4 钢筋工程原材料应有入出库管理制度，并建立入出库台账。

3.2 钢筋原材管理

3.2.1 钢筋堆放场地应平整、坚实，可选用 C15 素混凝土或碎石进行硬化处理。且为防止钢筋锈蚀，堆放场地应设排水坡度及排水沟，并设置钢筋混凝土地垄或枕垫。见图 3.2.1-1。

图 3.2.1-1 钢筋现场分类堆放场地

3.2.2 钢筋堆放应按进场批的级别、品种、直径、外形分垛堆放，妥善保管，并挂标识牌，注明产地、规格、品种、数量、复试报告单编号、检验状态（合格、不合格、待检验）等。见图 3.2.2-1。

图 3.2.2-1 钢筋现场挂牌标识

3.2.3 凡遇有中途停工或其他原因较长时间裸露在外的钢筋应加防锈蚀保护。见图 3.2.3-1、图 3.2.3-2。

使用彩条布或防雨布覆盖

图 3.2.3-1　钢筋现场彩条布覆盖

图 3.2.3-2　钢筋现场防雨布覆盖

3.3　钢筋原材检验

3.3.1　钢筋进场后按现行国家标准《钢筋混凝土用钢　第 1 部分：热轧光圆钢筋》GB 1499.1、《钢筋混凝土用钢　第 2 部分：热轧带肋钢筋》GB 1499.2 的规定进行复试，钢筋复试合格前禁止使用。必检项目为力学性能和重量偏差检验，检验结果必须符合有关标准的规定。

【注：必检力学性能为：屈服强度、抗拉强度、伸长率和弯曲性能。】

3.3.2　同一牌号、同一炉罐号、同一尺寸的钢筋进场时，每 60t 为一检验批，不足 60t 也按一批计。允许由同一牌号，同一冶炼方法、同一浇筑方法的不同炉罐号可组成混合批，但各炉罐号含碳量之差不大于 0.02%，含锰量之差不大于 0.15%。混合批的重量不大于 60t。

【注：为保证混合批钢筋划分的可追溯性，应留存各钢筋质量证明书、钢筋炉牌号、进场验收记录、监理签发的混合批划分证明等文件。】

3.3.3　钢筋、成型钢筋进场检验，当满足下列条件之一时，其检验批容量可扩大一倍：

（1）获得认证的钢筋、成型钢筋；

（2）同一厂家、同一牌号、同一规格的钢筋，连续三批均一次检验合格；

（3）同一厂家、同一类型、同一钢筋来源的成型钢筋，连续三批均一次检验合格。

【注：①对于获得认证或生产质量稳定的钢筋、成型钢筋，在进场时，可比常规检验批容量扩大一倍；②当钢筋、成型钢筋满足上述 2、3 条件时，检验批容量只扩大一次，当扩大检验批后的检验出现一次不合格情况时，应按扩大前的检验批容量重新验收，并不得再次扩大检验批容量；③当执行此条款时，应留存相关质量证明文件及监理签发的扩大检验批批划分资料等文件。】

3.3.4　施工中发现钢筋脆断、焊接性能不良或力学性能显著不正常等现象时，应停止使用该批钢筋，并应对该批钢筋进行化学成分检验或其他专项检验。

3.3.5　钢筋调直后应进行力学性能和重量偏差的检验，其强度应符合有关标准的规定。

【注：盘条钢筋调直后，同一厂家、同一牌号、同一规格的钢筋检查重量为不大于 30t 为一批，每批见证取样 3 件试件。当连续三批检验均一次合格时，检验批容量可扩大为 60t，扩大检验批容量时应留存相关证明文件。】

3.3.6　采用无延伸功能的机械设备调直的钢筋，可不进行调直后的检验。

3.4 成型钢筋外加工进场管理

3.4.1 成型钢筋原材加工前，应由加工企业根据设计图纸、标准和设计变更文件编制成型钢筋配料单，经施工企业确认；或根据施工企业提供订货单进行加工。

【注：由施工企业自己提供订货单，则宜配备专业技术人员及翻样人员，根据设计及相关现行规范要求进行下料翻样并填写订货单。】

3.4.2 施工企业宜选派有相应技术能力的代表或邀请监理工程师驻厂监督生产加工过程，对成型钢筋加工过程中的质量进行抽查，抽查方法应按双方约定的钢筋加工抽样检查方案确定。

3.4.3 加工配送企业对已加工的单件成型钢筋按结构部位或者作业流水段分类捆扎存放，对已加工的组合成型钢筋应进行码垛分类存放，并应采取防止锈蚀、碾轧和污染等措施。

3.4.4 成型钢筋出厂时应按出厂批次全数检查钢筋料牌悬挂情况和钢筋表面质量。每捆成型钢筋均应有料牌标识，钢筋表面不应有裂纹、结疤、油污、颗粒状或片状铁锈。料牌掉落的成型钢筋严禁出厂。

3.4.5 成型钢筋配送时加工配送企业应提供出厂合格证和出厂检验报告、钢筋原材质量证明文件和交货验收单。当有施工或监理方的代表驻厂监督加工过程或者采用专业化加工模式时，尚应提供钢筋原材第三方检验报告。

3.4.6 成型钢筋进场时，应抽取试件作屈服强度、抗拉强度、伸长率和重量偏差检验，检验结果应符合国家现行相关标准的规定。

（1）对由热轧钢筋制成的成型钢筋，当有施工单位或监理单位代表驻厂监督生产过程，并提供原材钢筋力学性能第三方检验报告时，可仅进行重量偏差检验；

（2）同一厂家、同一类型、同一钢筋来源的成型钢筋，不超过30t为一批，每批中每种钢筋牌号、规格均应至少抽取1个钢筋试件，总数不应少于3个。

3.4.7 成型钢筋进场后应按进场批次检查外观质量、形状尺寸及开焊漏焊点数量，对同一工程、同一类型、同一原材钢筋来源、同一组生产设备生产的成型钢筋，连续三次进场均一次检验合格时，其检验批容量可扩大一倍。

3.4.8 成型钢筋进场检验合格后，在施工现场应按进场批次分类、分结构部位或者流水作业段堆放整齐，并应防止油污、锈蚀及碾压。

3.4.9 成型钢筋工程质量验收时，应提供下列文件和记录：

① 加工配送单位的资质证明文件；

② 钢筋生产单位的资质证明文件；

③ 钢筋的产品质量证明书；

④ 钢筋的力学性能和重量偏差复验报告；

⑤ 成型钢筋出厂合格证和出厂检验报告；

⑥ 成型钢筋进场检验报告；

⑦ 连接接头质量证明文件；

⑧ 其他相关资料。

4 钢 筋 加 工

4.1 钢筋配料

4.1.1 钢筋工程实施前，施工单位应配备专业技术人员和钢筋翻样人员，根据图纸及项目实际情况，开展钢筋翻样及钢筋加工工作。

4.1.2 根据构件配筋图，绘制出各种钢筋形状和规格的单根钢筋简图并加以编号，然后分别计算钢筋下料长度和根数填写钢筋配料单，根据配料单加工。

4.1.3 钢筋的下料长度应结合钢筋保护层厚度、钢筋弯曲、弯钩等规定，然后根据钢筋翻样图中尺寸进行加工。

（1）直钢筋下料长度＝构件长度－保护层厚度＋弯钩增加长度。

（2）弯起钢筋下料长度＝直段长度＋斜段长度－弯曲调整直＋弯钩增加长度。

（3）箍筋下料长度＝箍筋周长＋箍筋调整值。

（4）钢筋需要搭接时，还要增加搭接长度。

4.2 钢筋调直

4.2.1 钢筋可采用无延伸功能的机械设备进行调直，也可采用冷拉方法调直。

4.2.2 当采用机械设备调直时，调直设备不应具有延伸功能，并根据钢筋直径选用调直模和传送压辊，并正确掌握调直模的偏移量和压辊的压紧程度。

4.2.3 当采用冷拉方法调直时，钢筋调直场地应根据钢筋长度及冷拉率设置好伸长标识，钢筋冷拉率符合规范要求。HPB235、HPB300 光圆钢筋的冷拉率不宜大于 4％；HRB335、HRB400、HRB500、HRBF335、HRBF400、HRBF500 及 RRB400 带肋钢筋的冷拉率不宜大于 1％。

4.2.4 钢筋调直过程中不应损伤带肋钢筋的横肋。调直后的钢筋应平直，不应有局部弯折。

4.2.5 盘卷钢筋调直后应进行力学性能和重量偏差的检验，其强度应符合国家有关标准的规定，其断后伸长率、重量负偏差应符合表 4.2.5-1 的规定。

盘卷调直后的断后伸长率、重量负偏差要求   表 4.2.5-1

钢筋牌号	断后伸长率 A（％）	重量偏差（％）	
		直径 6mm～12mm	直径 14mm～16mm
HPB300	≥21	≥－10	—
HRB335、HRBF335	≥16	≥－8	≥－6
HRB400、HRBF400	≥15		
RRB400	≥13		
HRB500、HRBF500	≥14		

注：断后伸长率 A 的量测标距为 5 倍钢筋直径。

4.2.6 力学性能和重量偏差检验应符合下列规定：

（1）应对 3 个试件先进行重量偏差检验，再取其中 2 个试件进行力学性能检验。

（2）重量偏差应按下式计算：

$$\Delta = \frac{(W_d - W_0)}{W_0} \times 100\%$$

式中：Δ ——重量偏差（%）；

W_d ——3 个调直钢筋试件的实际重量之和（kg）；

W_0 ——钢筋理论重量（kg），取每米理论重量（kg/m）与 3 个调直钢筋试件长度之和（m）的乘积。

（3）检验重量偏差时，试件切口应平滑并与长度方向垂直，其长度不应小于 500mm；长度和重量的量测精度分别不应低于 1mm 和 1g。

采用无延伸功能的机械设备调直的钢筋，可不进行本条规定的检验。

【注：①对钢筋调直机械设备是否有延伸功能的判定，可由施工单位检查并经监理单位确认，当不能判定或对判定结果有争议时，应按此条进行检验；②盘卷钢筋调直后的重量偏差不符合要求时不允许复检。】

4.2.7 钢筋调直机宜采用带自动定尺切断功能的调直机（图 4.2.7-1），有利于控制钢筋的废料率。

图 4.2.7-1 钢筋自动切断调直机

4.3 钢筋切断

4.3.1 钢筋切断配料时，应以钢筋料单提供的钢筋规格、形状和断料长度为依据，在工作台上标出尺寸刻度线，并设置控制断料尺寸的挡板，保证断料尺寸。

4.3.2 当纵向受力钢筋接头采用对焊（电渣压力焊、闪光对焊等）或机械连接（套筒挤压、直螺纹等连接）时，应采用无齿锯下料，不得用电焊、气割等热加工切断方法，保证端头平直，直径无椭圆，端部切口无有碍于套丝质量的斜口、马蹄口或扁头。见图 4.3.2-1、图 4.3.2-2。

图 4.3.2-1 砂轮切割机（无齿锯）

切口平直，无扭曲、无毛刺

图 4.3.2-2 钢筋切断切口平直

4.4 钢筋弯曲成型

4.4.1 钢筋弯折的弯弧内直径 D 应符合下列规定：

（1）光圆钢筋，弯弧内直径不应小于钢筋直径的 2.5 倍，当末端做 180°弯钩时，弯钩的弯折后平直段长度不应小于钢筋直径的 3 倍。见图 4.4.1-1。

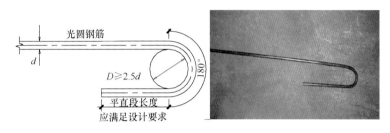

图 4.4.1-1　光圆钢筋弯钩加工图（180°）

（2）335MPa 级、400MPa 级带肋钢筋，弯弧内直径不应小于钢筋直径的 4 倍。见图 4.4.1-2、图 4.4.1-3。

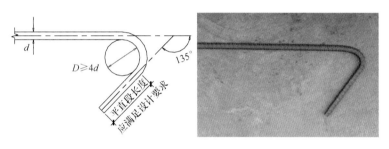

图 4.4.1-2　335MPa、400MPa 级带肋钢筋弯钩加工图（135°）

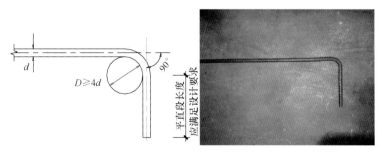

图 4.4.1-3　335MPa、400MPa 级带肋钢筋弯钩加工图（90°）

（3）500MPa 级带肋钢筋，当直径为 28mm 以下时，弯弧内直径不应小于钢筋直径的 6 倍，当直径为 28mm 及以上时，弯弧内直径不应小于钢筋直径的 7 倍。

（4）位于框架结构顶层端节点处的梁上部纵向钢筋和柱外侧纵向钢筋，在节点角部弯折处，当钢筋直径为 28mm 以下时，弯弧内直径不宜小于钢筋直径的 12 倍，当钢筋直径为 28mm 及以上时，弯弧内直径不宜小于钢筋直径的 16 倍。

（5）箍筋弯折处的弯弧内直径尚不应小于纵向受力钢筋直径；箍筋弯折处纵向受力钢筋为搭接钢筋或并筋时，应按钢筋实际排布情况确定钢筋弯弧内直径。

4.4.2 箍筋加工应符合以下规定（图 4.4.2-1～图 4.4.2-7）：

（1）除焊接封闭箍筋外，箍筋的末端应做弯钩。弯钩的形式应符合设计要求。

（2）对一般结构构件，箍筋末端做不应小于 90°的弯钩，箍筋弯后平直段长度不应小于箍筋直径的 5 倍；对有抗震设防要求或设计有专门要求的结构构件，箍筋弯钩的弯折角度不应小于 135°，弯折后平直段长度不应小于箍筋直径的 10 倍和 75mm 两者之中的较大值。

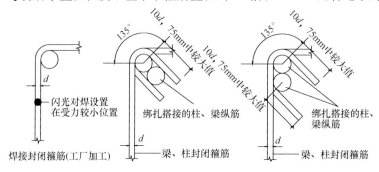

图 4.4.2-1　箍筋弯钩加工示意图

（3）圆形箍筋的搭接长度不应小于其受拉锚固长度，且两末端均应做不小于 135°的弯钩，弯折后平直段长度，对一般结构构件不应小于箍筋直径的 5 倍，对有抗震设防要求的结构构件不应小于箍筋直径的 10 倍和 75mm 的较大值。螺旋箍筋加工时，螺旋箍开始与结束的位置应有水平段，长度不小于一圈半，并每隔 1～2m 加一道直径≥12mm 的内环定位筋。

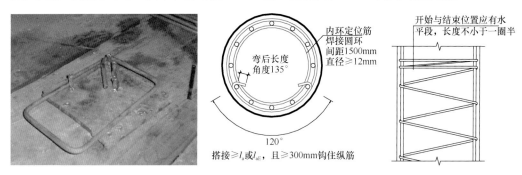

图 4.4.2-2　箍筋弯钩检查模具　　　　图 4.4.2-3　圆弧箍筋弯钩加工示意图

（4）对于异形箍筋的加工可设置定型模具，或进行现场翻样制作。

图 4.4.2-4　圆弧箍筋专用加工模具　　　　图 4.4.2-5　圆弧箍筋弯钩样板

定型模具

异形柱箍筋根据现场实际尺寸进行放样加工

图 4.4.2-6 异形箍筋定型模具 图 4.4.2-7 异形箍筋现场翻样

4.4.3 拉筋及拉结筋加工应符合以下规定（图 4.4.3-1、图 4.4.3-2）：

（1）拉筋用作梁、柱复合箍筋中单肢箍筋或梁腰筋拉结筋时，两端弯钩的弯折角度均不应小于 135°，弯折后平直段长度应符合"4.4.2 条"有关规定。

（2）拉筋用作剪力墙等构件中的拉结筋，两端弯钩形式可采用两端 135°弯折；或采用一段 135°弯钩，另一端 90°弯钩（安装完成后宜将 90°弯钩再弯折成 135°），弯折后平直段长度不应小于拉筋直径的 5 倍。

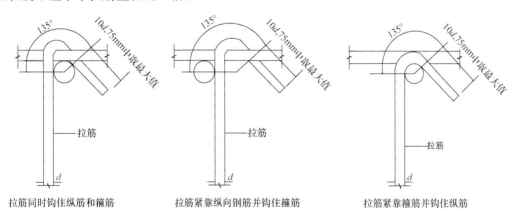

拉筋同时钩住纵筋和箍筋 拉筋紧靠纵向钢筋并钩住箍筋 拉筋紧靠箍筋并钩住纵筋

图 4.4.3-1 拉筋不同形式下的加工示意图

【注：选用形式应由设计指定。】

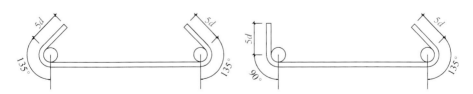

图 4.4.3-2 拉结筋不同形式的加工示意图

【注：用于剪力墙分布钢筋的拉结筋，宜同时钩住外侧水平筋及竖向分布筋。】

4.5 钢筋直螺纹加工

4.5.1 加工钢筋接头的操作人员，应经专业技术人员培训合格后才能上岗，人员应相对稳定。

4.5.2 钢筋接头的加工经工艺检验合格，并确定其各项工艺参数后方可进行。直螺纹丝头长度、完整丝扣圈数、套筒长度根据厂家提供的"钢筋滚轧直螺纹丝头尺寸参数表"、"标准型连接套筒参数表"确定。

4.5.3 丝头加工时应使用水性润滑液，不得使用油性润滑液。当气温低于 0℃时，应掺入 15%～20%亚硝酸钠，不宜使用油性切削液或不加润滑液加工。

4.5.4 丝头表面不得有影响接头性能的损坏及锈蚀；现场加工的丝头应符合下列规定：

（1）钢筋端部应切平或镦平后加工螺纹；

（2）镦粗头不得有与钢筋轴线相垂直的横向裂纹；

（3）钢筋丝头长度应满足企业标准中产品设计要求，极限偏差应为 0～0.2p（p 为螺距）；

（4）钢筋丝头宜满足 6f 级精度要求。

4.5.5 丝头尺寸的检验：应采用专用直螺纹量规检查，通规能顺利旋入并达到要求的拧入长度，止规旋入不得超过 3p。抽检数量 10%，检验合格率不应小于 95%。见图 4.5.5-1～图 4.5.5-9。

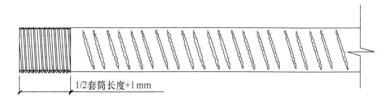

1/2套筒长度+1mm

图 4.5.5-1　直螺纹丝头加工示意图

图 4.5.5-2　直螺纹丝头现场加工

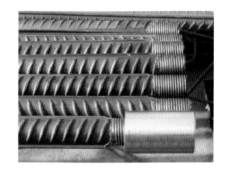

图 4.5.5-3　直螺纹丝头加工成品

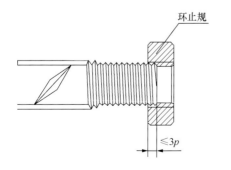

环止规

≤3p

图 4.5.5-4　直螺纹检查—环止规

图 4.5.5-5　直螺纹检查—环止规

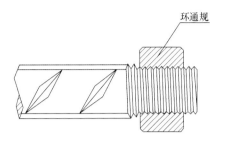

图 4.5.5-6 直螺纹检查—环通规

图 4.5.5-7 直螺纹检查—环通规

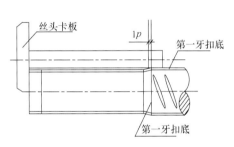

图 4.5.5-8 直螺纹检查—丝头卡板

图 4.5.5-9 直螺纹检查—丝头卡板

4.5.6 加工完的直螺纹钢筋丝头应进行检查，检查合格后按规格及使用部位分类码放，丝头用塑料帽盖好，加以保护。见图 4.5.6-1、图 4.5.6-2。

图 4.5.6-1 直螺纹套筒保护—堵头

图 4.5.6-2 直螺纹丝头保护—保护帽

4.6 半成品钢筋管理

钢筋加工合格后，应在指定地点按照使用部位、规格，做好标识分类码放于垫木上，防止钢筋变形、锈蚀、油污。见图 4.6-1～图 4.6-8。

不同规格
箍筋用铁
丝分类绑
扎,便于
使用管理
各控制

图 4.6-1　半成品钢筋分类、标识堆放

图 4.6-2　半成品钢筋分类

宜按构件
所需钢筋
进行分类
堆放

图 4.6-3　半成品钢筋分类堆放

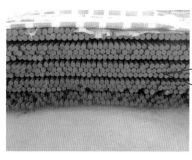

直螺纹钢
筋加盖保
护帽,防
止丝头锈
蚀

图 4.6-4　半成品钢筋分类堆放

图 4.6-5　箍筋码放标识

图 4.6-6　箍筋码放标识

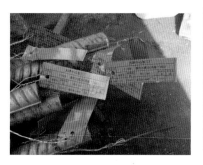

图 4.6-7　半成品钢筋标识

设置成品
钢筋标识
小牌,便
于使用时
查找

图 4.6-8　半成品钢筋标识

5 钢筋定位措施

5.1 墙体竖向梯子筋

5.1.1 梯子筋用于控制混凝土的断面尺寸，控制水平钢筋的间距、排距、绑扎质量以及钢筋的保护层厚度。

5.1.2 竖向梯子筋如单独置放，不占用原钢筋位置，采用与墙筋同规格的钢筋制作；如替代原墙体钢筋，应采用比墙筋高一规格的钢筋制作。

5.1.3 每个竖向梯子筋上中下各设一道顶模筋，顶模筋的长度为墙厚减2mm，顶模筋端头需磨平并刷防锈漆，长度不小于10mm。

5.1.4 立筋排距根据墙身钢筋保护层厚度计算。竖向定位梯间距1.2m～1.5m，且一面墙不少于两道。竖向梯子筋起步筋距地30mm～50mm。

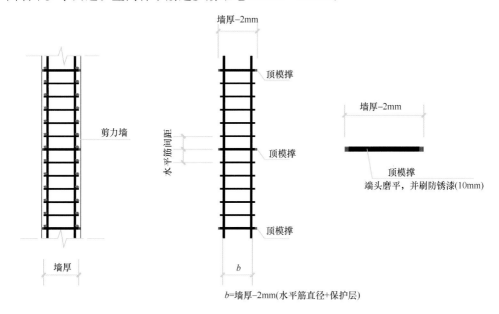

图 5.1-1　竖向梯子筋加工示意图

5.2 水平梯子筋

5.2.1 为保证浇筑、振捣混凝土时剪力墙的竖向钢筋间距不移位，可采用水平梯子筋控制竖向钢筋间距及墙体双排钢筋之间的厚度，水平梯子筋单独设置，不占用原墙筋位置。

5.2.2 剪力墙宜在顶板标高以上100mm位置设置水平定位梯，加强对墙体钢筋等定位控制。

图 5.1-2　竖向梯子筋加工成品，集中分类堆放

5.2.3 水平定位梯周转使用，其钢筋宜采用比墙体水平筋大一规格的钢筋制作。水平定位梯宜专墙专用。

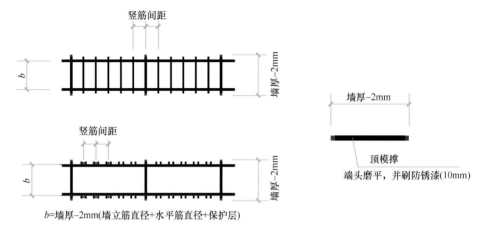

$b=$墙厚$-2mm$(墙立筋直径+水平筋直径+保护层)

图 5.2-1 水平梯子筋加工示意图

图 5.2-2 水平梯子筋成品分类堆放

图 5.2-3 水平梯子筋成品分类堆放

5.3 双 F 卡

为控制墙体钢筋截面及钢筋保护层厚度，制作双 F 卡，卡子两端用无齿锯切割，并刷防锈漆，防锈漆应由端头往里刷 1cm。大模板内置外墙外保温处双 F 卡长度应包括保温板厚度。设双 F 卡处不设垫块。见图 5.3-1～图 5.3-4。

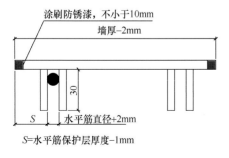

$S=$水平筋保护层厚度$-1mm$

图 5.3-1 双 F 卡加工示意图

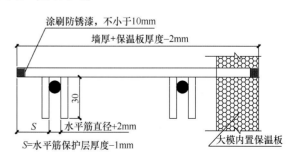

$S=$水平筋保护层厚度$-1mm$

图 5.3-2 双 F 卡加工示意图-有保温

图 5.3-3　双 F 卡样品　　　　　　　图 5.3-4　双 F 卡安装：卡在水平筋上

5.4　柱钢筋定位框

框架柱模板上口设置内、外定位箍筋框，控制钢筋位移。柱钢筋定位框应有足够的刚度，并符合钢筋保护层、钢筋排距、钢筋间距等具体尺寸要求。见图 5.4-1～图 5.4-5。

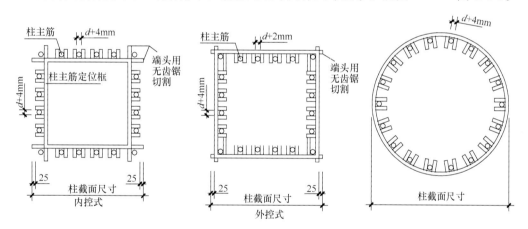

图 5.4-1　柱钢筋定位框加工示意图（指卡状）

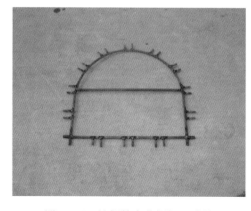

图 5.4-2　柱钢筋定位框加工成品　　　图 5.4-3　柱钢筋定位框加工成品

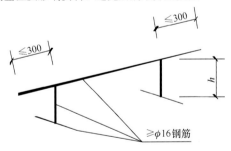

L：定位钢筋边框边长
d：柱纵筋钢筋直径
n：柱每边钢筋根数

φ20定位卡具
长度＝[L－d(n－2)]/ (n－1)

φ20定位钢筋边框
边长＝柱 宽－2×(保护
层厚度＋钢筋直径)

定位钢筋

图 5.4-4 柱钢筋定位框加工示意图（齿痕式）　　图 5.4-5 柱钢筋齿痕式定位框加工

5.5　钢筋马凳

5.5.1 制作马凳使用的钢筋，其规格应确保承受荷载不变形，间距应满足钢筋骨架承载要求。

【注：当马凳承受荷载过大时，可以选用方钢、架子管等材料制作，以提高马凳刚度，保证施工安全。】

5.5.2 根据楼板厚度及板筋保护层厚度制作马凳，施工中重点控制马凳高度。

5.5.3 马凳高度＝板厚－上下钢筋保护层－下层下排钢筋直径－上层两排钢筋直径之和。

5.5.4 马凳位于上下铁之间，马凳沿板短向通长布置，沿长向间距 800mm～1000mm 均匀布置。见图 5.5.4-1～图 5.5.4-5。

【注：马凳的制作方法和布置方法应在施工组织设计中明确提出，并在施工过程中留存参建各方有效签证及影响资料，避免后期结算扯皮。】

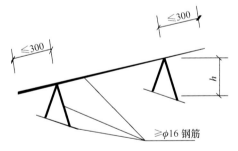

≤300　　　　　≤300

h

≥φ16钢筋

≤300

h

≥φ16 钢筋

图 5.5.4-1 钢筋马凳加工设计示意图（mm）

图 5.5.4-2 钢筋马凳加工成品示意图　　　　图 5.5.4-3 底板钢筋马凳

图 5.5.4-4　底板型钢马凳　　　　图 5.5.4-5　顶板独立成品钢筋马凳

5.6　其他措施筋

5.6.1　地下室外墙顶模棍中间加焊止水环（片），采用对拉螺栓时，在中间也要加焊止水环（片）。

5.6.2　顶模棍用无齿锯下料，端头保持平齐，无毛刺、卷边，并刷 10mm 防锈漆。顶模棍长度比墙厚小 2mm（每侧小 1mm，考虑到混凝土侧压力预留模板变形量）。如果结构为大模内置外墙外保温，则外墙顶模棍外侧长度应包含保温板厚度。见图 5.6.2-1～图 5.6.2-4。

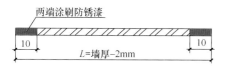
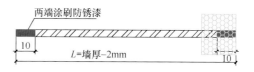

图 5.6.2-1　顶模撑钢筋加工示意图　　图 5.6.2-2　顶模撑钢筋加工示意图（内置外保温）

图 5.6.2-3　顶模撑钢筋成品　　　　图 5.6.2-4　顶模撑钢筋成品

6　钢　筋　连　接

6.1　绑扎搭接

6.1.1　同一构件中相邻纵向受力钢筋的绑扎搭接接头宜相互错开。绑扎搭接接头中

钢筋的横向净距 s 不应小于钢筋直径，且不应小于 25mm。

6.1.2 纵向受力钢筋绑扎搭接接头连接区段的长度为 1.3 倍搭接长度，凡搭接接头中点位于该连接区段长度内的搭接接头，均应属于在同一连接区段；搭接长度可取相互连接两根钢筋中较小直径计算。纵向受力钢筋的最小搭接长度应符合规范要求。见图 6.1.2-1。

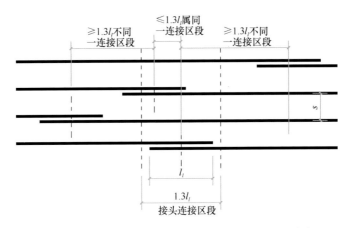

图 6.1.2-1 钢筋绑扎接头连接区段及接头面积百分率

注：本图中所示搭接接头同一连接区段的搭接钢筋为两根，当各钢筋直径相同时，接头面积为 50%。

6.1.3 同一连接区段内，纵向受力钢筋接头面积百分率为该区段内有接头的纵向受力钢筋的面积与全部纵向受力钢筋截面面积的比值；纵向受压钢筋的接头面积百分比可不受限制；纵向受拉钢筋的接头面积百分比应符合下列规定：

（1）对梁类、板类及墙类构件，不宜大于 25%；基础筏板不宜超过 50%。

（2）对柱类构件，不宜大于 50%；

（3）当工程中确有必要增大接头面积百分率时，对梁类构件，不应大于 50%；对其他构件，可根据实际情况放宽。

6.1.4 梁、柱构件的纵向受力钢筋搭接长度范围内箍筋的设置应符合设计要求；当设计无具体要求时，应符合下列规定：

（1）箍筋直径不应小于搭接钢筋较大直径的 1/4；

（2）受拉搭接区段的箍筋间距不应大于搭接钢筋较小直径的 5 倍，且不应大于 100mm；

（3）受压搭接区段的箍筋间距不应大于搭接钢筋较小直径的 10 倍，且不应大于 200mm；

（4）当柱中纵向受力钢筋直径大于 25mm 时，应在搭接接头两个端面外 100mm 范围内各设置两道箍筋，其间距宜为 50mm。

6.1.5 墙体钢筋搭接长度范围内应确保三根筋（水平、竖向）通过，并采用三点绑扎，和其他钢筋交叉绑扎时，不能省去三点绑扎。用双丝绑扎搭接钢筋两端头 50mm 处，中间绑扎一道。绑扎扣不能代替搭接扣。固定门窗洞口模板的顶模棍、固定箱盒的钢筋以及接地线严禁点焊在受力钢筋上。钢筋绑扎时，绑扣应该朝向内侧。见图 6.1.5-1～图 6.1.5-3。

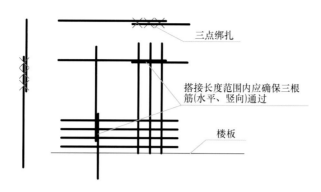

图 6.1.5-1 墙体钢筋搭接范围内应确保三根筋（水平、竖向）通过，并采用三点绑扎

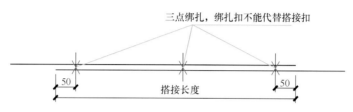

图 6.1.5-2 三点绑扎，绑扎扣不能代替搭接扣

图 6.1.5-3 三点绑扎，绑扎扣不能代替搭接扣

6.2 滚压直螺纹连接

6.2.1 工程中应用钢筋机械接头时，应由该技术提供单位提交有效的型式检验报告。型式检验主要为强度检验和变形检验；型式检验报告超过 4 年时须重做。

6.2.2 钢筋连接工程开始前，应对不同钢筋生产厂的进场钢筋进行接头工艺检验；施工过程中，更换钢筋生产厂时，应补充进行工艺检验。每种规格钢筋的接头试件不应少于 12 个，其中母材拉伸试件不应少于 3 个，单向拉伸试件不应少于 3 个，高应力反拉压试件不应少于 3 个，大变形反复拉压试件不应少于 3 个。

6.2.3 钢筋连接时，钢筋的规格与连接套筒规格一致，并保证钢筋和连接套筒丝扣干净、完好无损。钢筋套筒分类见表 6.2.3-1。

接头按套筒的基本使用条件分类 表 6.2.3-1

序号	使用要求	套筒形式	代号
1	正常情况下连接	标准型	省略
2	用于两端钢筋均不能转动的场合	正反丝扣型	F
3	用于不同直径的钢筋连接	异径型	Y
4	用于较难对中的钢筋连接	扩口型	K
5	钢筋完全不能转动，通过转动连接套筒连接钢筋，用锁母锁紧套筒	加锁母型	S

6.2.4 标准型及正反扣型钢筋丝头有效螺纹丝扣长度应为 1/2 套筒长度，极限偏差为（0～2）p（p 为螺纹的螺距）。

6.2.5 钢筋连接时，须用扭力扳手拧紧，使被连接的两根钢筋在连接套筒的中间位置顶紧。也可先用管钳扳手拧紧，安装后再用扭力扳手校核拧紧。直螺纹连接接头拧紧扭矩值见表 6.2.5-1。

直螺纹连接接头拧紧扭矩值 表 6.2.5-1

钢筋直径(mm)	≤16	18～20	22～25	28～32	36～40	50
拧紧扭矩值(N·m)	100	200	260	320	360	460

注：当不同直径的钢筋连接时，拧紧扭矩值按较小直径钢筋的相应值取用。

6.2.6 接头的现场检验应按检验批进行。同一施工条件下采用同一批材料的同等级、同型式、同规格接头，应以 500 个为一个检验批进行检验与验收，不足 500 个接头也应作为一个检验批。

6.2.7 直螺纹接头安装后，应按照上条规定的检验批，抽取其中 10% 的接头进行拧紧扭矩校核，拧紧扭矩不合格数超过被校核接头数的 5% 时，应重新拧紧全部接头，直到合格为止。

6.2.8 对直螺纹接头的每一验收批，必须在工程结构中随机截取 3 个接头试件做抗拉强度试验，按设计要求的接头等级进行评定。当 3 个接头试件强度均符合《钢筋机械连接技术规程》JGJ 107 表 3.0.5 中相应等级的强度要求时（见 2.3 节），该验收批应评为合格。如有 1 个试件的抗拉强度不符合要求，应再取 6 个试件进行复检。复检中如仍有 1 个试件的抗拉强度不符合要求，则该验收批应评为不合格。

6.2.9 现场截取抽样试件后，原接头位置的钢筋可采用同等规格的钢筋进行搭接连接，或采用焊接及机械连接方法补接。见图 6.2.9-1、图 6.2.9-2。

【注：施工前应提前做好各型号钢筋焊接工艺检验，焊接接头应合格，并留存相关焊接及施工质量资料，以保证施工资料的完整性。】

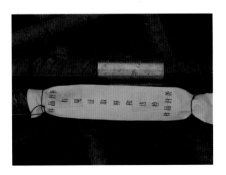

图 6.2.9-1　见证取样　　　　　图 6.2.9-2　试件封样

6.2.10 机械连接接头现场截取抽样试件后，原接头位置的钢筋采用同等规格的钢筋进行搭接、焊接等方法进行补接。若采用搭接，主筋搭接范围内箍筋应加密，间距 $5d$ 且＜100mm；若焊接采用帮条焊，双面焊 $5d$ 或单面焊 $10d$。见图 6.2.10-1、图 6.2.10-2。

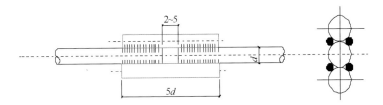

图 6.2.10-1　钢筋接头补强连接示意图

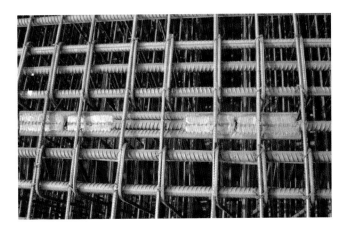

图 6.2.10-2　钢筋接头补强连接图

6.2.11 经检查的接头应做出标记，单边外露完整有效丝扣长度不宜超过 $2p$。见图 6.2.11-1、图 6.2.11-2。

【注：宜采用"红、黄、蓝"三色漆标识，劳务分包单位质检员应对接头质量逐个自检，检查数量 100%，合格的以蓝点标记；施工单位项目质检员应对自检合格的丝头进行抽查，抽检数量 30%，合格的以黄点标记；监理单位应对施工单位自检合格的接头质量进行检查验收，并抽取 10% 的接头进行拧紧扭矩校核，合格的以红点标记。】

图 6.2.11-1　单边外露丝扣不大于 $2p$

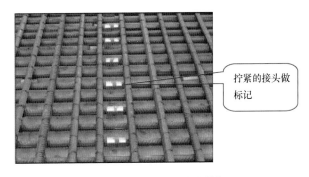

图 6.2.11-2　拧紧的接头做标记

6.2.12 采用预埋接头时，连接套筒的位置、规格和数量应符合设计要求，带连接套筒的钢筋应固定牢固，连接套筒的外露端应有保护帽。

6.3 钢筋冷挤压连接

6.3.1 冷挤压连接施工前，钢筋端头的锈蚀、泥沙、油污等杂物应清理干净。检查挤压设备情况，并进行试压，符合要求后方可作业。

6.3.2 钢筋与套筒应试套，如钢筋有马蹄、弯折或纵肋尺寸过大等，应预先矫正或用砂轮打磨。不同直径钢筋的套筒不得串用。

6.3.3 钢筋端部应有检查入套筒深度的明显标记，钢筋端头离套筒长度中点不宜超过 10mm。

6.3.4 钢筋挤压连接应先在地面上挤压一段套筒，在施工作业区插入待连接钢筋后挤压另一段套筒。

6.3.5 压接钳就位时，应对正钢套筒压痕位置的标记，并使用压模运动方向与钢筋两纵肋所在的平面相垂直。

6.3.6 压接钳施压顺序由钢套筒中部依次向端部进行。每次施压时，主要控制压痕深度。

6.3.7 挤压后的套筒不得有肉眼可见的裂缝。见图 6.3.7-1～图 6.3.7-4。

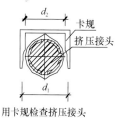

用卡规检查挤压接头

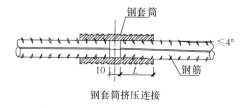

钢套筒挤压连接

图 6.3.7-1　钢筋冷挤压连接示意图（横剖面）　　图 6.3.7-2　钢筋冷挤压连接示意图（纵剖面）

图 6.3.7-3　钢筋冷挤压连接

图 6.3.7-4　钢筋冷挤压连接

6.4 钢筋焊接连接

6.4.1 焊接工艺要求如下：

（1）在钢筋工程焊接施工前，参与该项工程施焊的焊工应进行现场条件下的焊接工艺试验，经试验合格后，方可进行焊接。焊接过程中，如果钢筋牌号、直径发生变更，应再次进行焊接工艺试验。工艺试验使用的材料、设备、辅料及作业条件均应与实际施工一致。

【注：开工前应提前做好钢筋焊接工艺检验，工艺检验应包括工程所有需施焊钢筋型号，且应包含直螺纹连接钢筋型号。】

（2）细晶粒热轧钢筋及直径大于 28mm 的普通热轧钢筋，其焊接参数应经试验确定；预热处理钢筋不宜焊接。

（3）电渣压力焊应用于柱、墙等构筑物现浇混凝土构件中竖向受力钢筋的连接；不得用于梁、板等构件中水平钢筋的连接。

（4）钢筋焊接接头的适用范围、工艺要求、焊条及焊剂选择、焊接操作机质量要求等应符合现行行业标准《钢筋焊接及验收规程》JGJ 18 的有关规定。

6.4.2 电渣压力焊示意及照片见图 6.4.2-1～图 6.4.2-4，其要求如下：

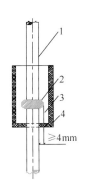

图 6.4.2-1 电渣压力焊焊接示意图　　图 6.4.2-2 电渣压力焊现场焊接（一）
1—钢筋；2—铁丝圈；
3—焊剂；4—焊剂筒

图 6.4.2-3 电渣压力焊现场焊接（二）　图 6.4.2-4 电渣压力焊焊接效果均匀光滑

（1）电渣压力焊应用于现浇混凝土结构中竖向或斜向（倾斜角度不大于 10°）钢筋的连接。

（2）直径 12mm 钢筋电渣压力焊时，应采用小型焊接夹具，上下两钢筋对正，不偏歪，多做焊接工艺试验，确保焊接质量。

（3）电渣压力焊焊机容量应根据所焊钢筋直径选定，接线端应连接紧密，确保良好导电。

（4）焊接夹具应有足够刚度，夹具形式、型号应与焊接钢筋配套，上下钳口应同心，在最大允许荷载下应移动灵活，操作便利，电压表、时间显示器应配备齐全。

（5）焊剂应存放在干燥的库房内，若受潮时，在使用前应经250℃～350℃烘焙2h。

（6）电渣压力焊接头外观质量检查结果，应符合下列规定：

① 四周焊包凸出钢筋表面的高度，当钢筋直径为25mm及以下时，不得小于4mm；当钢筋直径为28mm及以上时，不得小于6mm。

② 钢筋与电极接触处，应无烧伤缺陷。

③ 接头处的弯折角度不得大于2°。

④ 接头处的轴线偏移不得大于1mm。

（7）电渣压力焊焊接后设专人用专用工具（如合金錾）认真清理焊渣。

6.4.3 钢筋闪光对焊接头要求如下：

闪光对焊接头外观检查结果，应符合下列规定：

（1）对焊接头表面应呈圆滑、带毛刺状，不得有肉眼可见的裂纹；

（2）轴线偏移不得大于钢筋直径的1/10，且不得大于1mm；

（3）对焊接头所在直线边的顺直度检测结果凹凸不得大于5mm；

（4）对焊箍筋外皮尺寸应符合设计图纸的规定，允许偏差应为±5mm；

（5）与电极接触处的钢筋表面不得有明显烧伤。

6.4.4 电弧焊接头（绑条焊、搭接焊）要求如下：

帮条焊接头或搭接焊接头的焊缝有效厚度 h 不应小于主筋直径的30%；焊缝宽度 b 不应小于主筋直径的80%。见图6.4.4-1、图6.4.4-2。

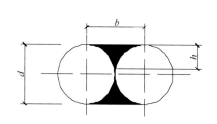

图6.4.4-1　焊缝尺寸示意图
b—焊缝宽度；h—焊缝厚度；d—钢筋直径

图6.4.4-2　钢筋双面搭接焊

7　钢　筋　安　装

7.1　钢筋绑扎及验收的"七不绑"、"五不验"原则

7.1.1　七不绑：

（1）弹线：未弹线不绑（弹墙、柱外边线；弹模板外500mm控制线）；

（2）浮浆：接茬面未清理干净不绑；混凝土接茬面（墙柱外边线内）所有浮浆、松散混凝土、石子彻底剔除到外露石子；

（3）污筋：所有钢筋上沾污的水泥未清干净不绑；

（4）查偏：所有立筋未检查其保护层的大小是否偏位不绑；

（5）纠偏：所有立筋保护层大小超标的、立筋未按 1∶6 调整到正确位置的不绑；

（6）甩头：所有受力筋甩头长度（包括接头百分比、抗震系数）、错开距离、第一个接头位置、锚固长度（包括抗震系数）不合格不绑；

（7）接头：所有接头质量（包括绑扎、焊接、机械连接）有一个不合格的不绑。

7.1.2　五不验：

（1）钢筋绑扎未完成不验收；

（2）钢筋定位措施不到位不验收；

（3）钢筋保护层垫块不合格、达不到要求不验收；

（4）钢筋纠偏不合格不验收；

（5）钢筋绑扎未严格按技术交底施工不验收。

7.2　基础底板钢筋绑扎

7.2.1　工艺流程如下：

弹钢筋位置线→绑扎承台、集水坑、地梁等钢筋→绑扎底板下铁→设置垫块→水电工序插入→底板下铁验收→设置马凳→绑底板上层钢筋→设置定位框→插墙、柱预埋钢筋→验收。

7.2.2　施工要点如下：

（1）弹钢筋位置线：按图纸标明的钢筋间距，算出底板实际需用的钢筋根数，靠近底板模板边的钢筋离模板边，满足设计及迎水面钢筋保护层厚度不小于 50mm 的要求。在垫层上弹出钢筋位置线（包括基础梁钢筋位置线）和插筋位置线（包含剪力墙、框架柱和暗柱等竖向筋插筋位置，并用红色漆对剪力墙、框架柱和暗柱四角进行标识）。剪力墙竖向起步筋距柱或暗柱为 50mm，中间插筋按设计图纸标明的竖向筋间距分档。见图 7.2.2-1。

（2）绑扎承台、集水坑、地梁等钢筋：对于短基础梁、门洞口下地梁，可采用事先预制，施工时吊装就位即可，对于较长、较大基础梁采用现场绑扎。

（3）绑底板下层钢筋（DBJ/T01-26）：

① 先铺底板下层钢筋，根据设计、规范和下料单要求，决定下层钢筋哪个方向钢筋在下面，一般先铺设短向钢筋，再铺设长向钢筋（如底板有集水坑、设备基坑，在铺底板下层钢筋前，先铺集水坑、设备基坑的下层钢筋）。

② 根据已弹好的位置线将横向、纵向的钢筋依次摆放到位，钢筋弯钩应垂直向上。平行地梁方向在地梁下一般不设底板钢筋。钢筋端部距导墙的距离应一致并符合相关规定，两端设有地梁

图 7.2.2-1　钢筋绑扎弹线可
有效控制钢筋间距

时宜使弯钩和地梁纵筋相错开。

③进行钢筋绑扎时，如单向板靠近外围两行的相交点应逐点绑扎，中间部分相交点可相隔交错绑扎，双向受力的钢筋必须将钢筋交叉点全部绑扎，应采用八字扣绑扎。见图7.2.2-2：粗线为纵横向钢筋，细线为绑丝扣，采用这种绑扎方法，钢筋比较紧固，不容易移位和滑动。

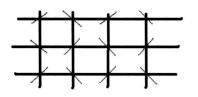

图7.2.2-2 八字扣绑扎示意图

（4）设置垫块：检查底板下层钢筋施工合格后，放置底板混凝土保护层用垫块，垫块的厚度等于钢筋保护层厚度，按照1m左右距离梅花形摆放。如基础底板或基础梁用钢量较大，摆放距离可缩小。

（5）水电工序插入：在底板和地梁钢筋绑扎完毕后，方可进行水电工序插入。

（6）设置马凳：基础底板采用双层钢筋时，绑完下层钢筋后，摆放钢筋马凳。马凳的摆放按施工方案的规定确定间距。马凳宜支撑在下铁钢筋上，并应垂直于底板上层筋的下筋摆放，摆放要稳固，保证其满足施工荷载要求。

（7）绑底板上层钢筋：在马凳上摆放纵横两个方向的上层钢筋，上层钢筋的弯钩朝下，进行连接后绑扎。绑扎时上层钢筋和下层钢筋间距相同时，其位置应对正，钢筋的上下次序及绑扣方法同底板下层钢筋。

（8）梁板钢筋全部完成后按设计图纸位置进行地梁排水套管预埋。

（9）设置定位框：钢筋绑扎完成后，根据在防水保护层（或垫层）上弹好的墙、柱插筋位置线，在底板上网上固定插筋定位框，可以采用线坠垂吊的方法使其同位置线对正。

（10）将墙、柱预埋筋伸入底板内下层钢筋上，钢筋弯拐的方向要正确，将插筋的弯拐与下层筋绑扎牢固，并将其上部与底板上层筋或地梁绑扎牢固，必要时可附加钢筋进行固定，并在主筋上绑一道定位筋。插筋上部与定位框固定牢靠。墙插筋两边距暗柱50mm，插入基础深度应符合设计和规范锚固长度要求，甩出的长度和甩头错开百分比及错开长度应符合本工程设计和规范的要求。墙、柱插筋插入底板或地梁范围内的箍筋不宜少于3道，其上端应采取措施保证甩筋垂直，不歪斜、倾倒、变位。同时要考虑搭接长度、相邻钢筋错开距离。

（11）基础底板钢筋验收：为便于及时修正和减少返工量，验收宜分为两个阶段，即：地梁及下网铁完成和上网铁及插筋完成两个阶段。分阶段绑扎完成后，对绑扎不到位的地方进行局部调整，然后对现场进行清理，分别报工长进行交接和质检员专项验收。全部完成后，填写钢筋工程隐蔽验收单。见图7.2.2-3～图7.2.2-8。

图7.2.2-3 基础底板梁钢筋绑扎到位、箍筋间距均匀

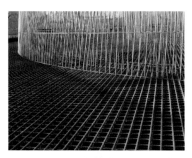

图7.2.2-4 钢筋绑扎均匀顺直

图 7.2.2-5　基础反梁钢筋绑扎　　　图 7.2.2-6　基础地板高低跨钢筋绑扎

图 7.2.2-7　基础梁钢筋绑扎到位、箍筋间距均匀　图 7.2.2-8　基础底板柱插筋及丝头保护

7.3　柱钢筋绑扎

7.3.1　工艺流程如下：

弹柱截面位置线、模板外控制线→剔除柱施工缝处混凝土软弱层至全部露石子→清理柱钢筋污染→对下层伸出的柱顶预留钢筋位置进行调整→将柱箍筋全部叠放在预留钢筋上→绑扎（焊接或机械连接）柱子竖向钢筋→确定起步箍筋、最上一层箍筋及箍筋加密区上下分界箍筋及位置→确定钢筋绑扎搭接及上下分界箍筋区段位置→确定每一区段箍筋数量→在柱顶绑扎定距框→绑扎起步箍筋及分界箍筋→分区段从上到下将箍筋与柱子竖向钢筋绑扎。

7.3.2　施工要点如下：

（1）套柱箍筋：按图纸要求间距，计算好每根柱子箍筋数量（注意抗震加密和绑扎接头加密），先将箍筋套在下层伸出的搭接钢筋上，然后绑扎柱钢筋。柱纵筋在搭接长度内，绑扣不少于3个，绑扣朝向柱中心。

（2）画箍筋间距线：在柱竖向钢筋上，按图纸要求用粉笔画箍筋间距线（或使用皮数杆控制箍筋间距），并注意标识出起步箍筋、最上一组箍筋及抗震加密区分界箍筋。搭接区分界箍筋位置，机械连接时应尽量避开连接套筒。见图 7.3.2-1、图 7.3.2-2。

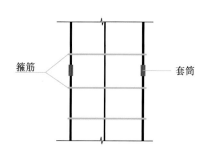

箍筋避开直螺纹接头位置；拧紧套筒，做标识

图 7.3.2-1 柱箍筋避开套筒位置　　　　图 7.3.2-2 柱箍筋避开套筒位置

（3）柱箍筋绑扎节点：

1）按已画好的箍筋位置线，将已套好的箍筋往上移动，由上而下绑扎，宜采用缠扣绑扎，见图 7.3.2-3。

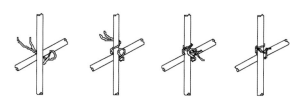

图 7.3.2-3 缠扣绑扎示意图

2）箍筋与主筋垂直且密贴，箍筋与主筋交点应全数绑扎。

3）箍筋的弯钩处宜沿柱纵筋顺时针或逆时针方向顺序排布，并绑扎牢固。

4）柱纵向钢筋、复合箍筋排布应遵循对称均匀原则，箍筋转角处应与纵向钢筋绑扎。

5）柱复合箍筋应采用截面周边外封闭大箍筋加内封闭小箍筋的组合方式（大箍筋套小箍筋），内部复合箍筋的相邻两肢形成一个内封闭小箍，当复合箍筋的肢数单数时，设置一个单肢箍。沿外封闭箍筋，周边箍筋局部重叠不宜多于两层。

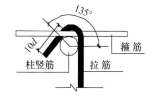

图 7.3.2-4 复合箍筋拉筋拉设位置示意图

6）柱内部复合箍筋采用拉筋时，拉筋宜同时钩住纵向钢筋和外封闭箍筋。见图 7.3.2-4。

7）箍筋对纵筋应满足至少隔一拉一的要求。

8）若在同一组内复合箍筋各肢位置不能满足对称性要求，钢筋绑扎时，沿柱竖向相邻两组箍筋位置应交错对称排布。见图 7.3.2-5。

9）框架柱箍筋加密区的箍筋间距：一级抗震等级，不宜大于 200mm；二、三级抗震等级，不宜大于 250mm 和 20 倍箍筋直径较大值；四级抗震等级，不宜大于 300mm。见图 7.3.2-6。

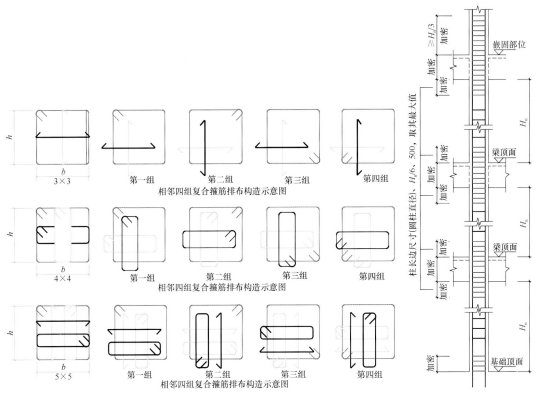

第一组　第二组　第三组　第四组
3×3
相邻四组复合箍筋排布构造示意图

第一组　第二组　第三组　第四组
4×4
相邻四组复合箍筋排布构造示意图

第一组　第二组　第三组　第四组
5×5
相邻四组复合箍筋排布构造示意图

图 7.3.2-5　复合箍筋交错对称排布示意图

图 7.3.2-6　柱箍筋加密
区设置示意图

　　10）柱钢筋绑扎完成后，在浇筑混凝土之前，必须设置钢筋防止位移措施，设置钢筋定位框。见图 7.3.2-7。

　　11）首次柱钢筋绑扎时，宜做工序样板，对施工工艺的科学性、可操作性以及作业结果的符合性进行检查。见图 7.3.2-8。

图 7.3.2-7　柱子钢筋定位措施

图 7.3.2-8　柱子钢筋绑扎样板

7.3.3 细部做法如下：

（1）抗震 KZ 中柱柱顶纵向钢筋构造见图 7.3.3-1、图 7.3.3-2，抗震 KZ 柱变截面位置纵向钢筋构造（16G101-1，P60）见图 7.3.3-3。

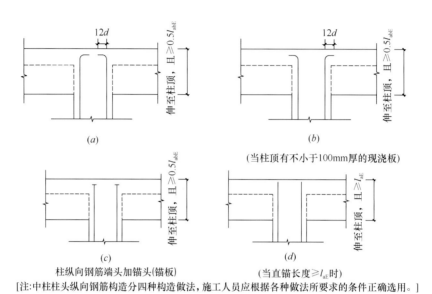

(a)

(b)

（当柱顶有不小于100mm厚的现浇板）

(c)

柱纵向钢筋端头加锚头(锚板)

(d)

（当直锚长度≥l_{aE}时）

[注:中柱柱头纵向钢筋构造分四种构造做法，施工人员应根据各种做法所要求的条件正确选用。]

图 7.3.3-1　中柱柱顶纵向钢筋构造

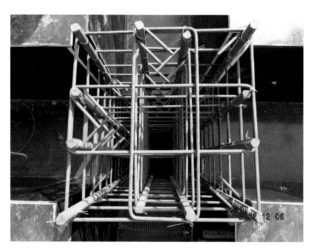

图 7.3.3-2　中柱柱顶纵向钢筋构造

【注：当中柱设计无特殊要求且满足直锚条件时，可以选用直锚形式。】

（2）抗震 QZ、LZ 纵向钢筋构造（16G101-1，P61）见图 7.3.3-4。

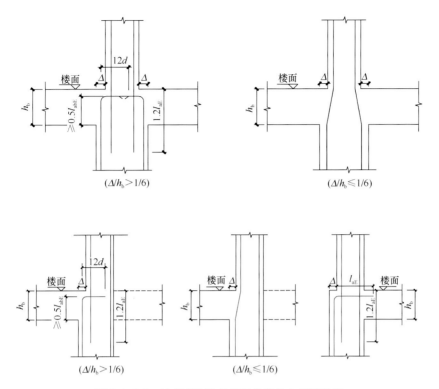

图 7.3.3-3 抗震 KZ 柱变截面位置纵向钢筋构造

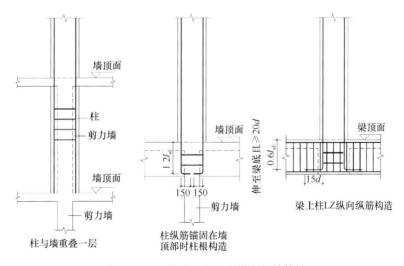

图 7.3.3-4 抗震 QZ、LZ 纵向钢筋构造

【注：1. 墙上起柱，在墙顶面标高以下锚固范围内的柱箍筋按上柱非加密区箍筋要求配置。梁上起柱，在梁内设两道柱箍筋。

2. 墙上起柱（柱纵筋锚固在墙顶部时）和梁上起柱时，墙体和梁的平面外方向应设梁，以平衡柱脚在该方向的弯矩；当柱宽度大于梁宽时，梁应设水平加腋。】

7.4 梁钢筋绑扎

7.4.1 工艺流程如下：

在下铁钢筋下垫垫块→铺设下铁通长钢筋→确定起步箍筋、左右两侧箍筋加密区分界箍筋位置→确定钢筋绑扎搭接区段分界箍筋位置→套梁箍筋→穿梁上铁通长钢筋→将箍筋与梁主筋固定、绑扎→穿上铁非通长钢筋→非通长钢筋与梁箍筋绑扎→穿梁腰筋→梁腰筋与箍筋绑扎→挂拉钩并绑扎。

7.4.2 施工要点如下：

（1）先穿主梁的下部纵向受力钢筋及弯起钢筋，在铺设好的通长下铁上，按图纸要求用粉笔画好箍筋间距线，特别注意标识出起步箍筋、抗震加密区分界箍筋及搭接区分界箍筋位置，摆放箍筋。

（2）将箍筋按照已画好的间距逐个分开；穿次梁的下部纵向受力钢筋及弯起钢筋，并套好箍筋；放主次梁的架立筋；隔一定间距将架立筋与箍筋绑扎牢固；调整箍筋间距，使间距符合设计要求，绑扎架立筋，再绑扎主筋，主次梁同时配合进行。见图7.4.2-1。

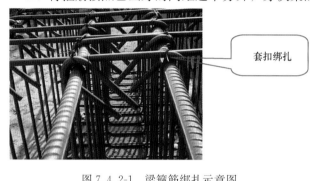

套扣绑扎

图7.4.2-1 梁箍筋绑扎示意图

（3）框架梁上部纵向钢筋应贯穿中间节点，梁下部纵向钢筋伸入中间节点锚固长度及伸过中心线的长度符合设计要求。框架梁纵向钢筋在端节点的锚固长度也要符合设计要求。

（4）梁箍筋绑扎节点：

1）对于主筋与箍筋垂直部位采用缠扣绑扎方式；对于主筋与箍筋拐角部位采用套扣绑扎方式，详见图7.4.2-2。

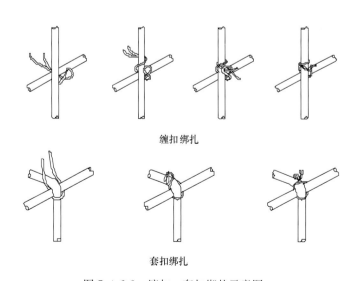

缠扣绑扎

套扣绑扎

图7.4.2-2 缠扣、套扣绑扎示意图

2）箍筋弯钩在梁中宜交错绑扎。

3）梁端第一个箍筋应设置在距离柱节点边缘（混凝土边缘）50mm 处。在不同配置要求的箍筋区域分界处应绑扎分界箍筋，分界箍筋应按相邻区域配置要求较高的箍筋配置。

4）梁两侧腰筋连系，绑扎拉筋时，应同时钩住腰筋与箍筋。当梁侧向拉筋多于一排时，相邻上下排拉筋应错开绑扎。见图 7.4.2-3。

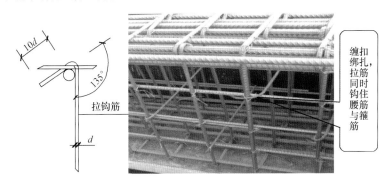

图 7.4.2-3 梁拉筋拉结位置示意图

5）施工时，梁箍筋加密区的设置、纵向钢筋搭接区箍筋的配置应以设计要求为准。

6）梁上部纵筋、下部纵筋及复合箍筋排布时应遵循对称布置原则。见图 7.4.2-4。

7）梁复合箍筋肢数宜为双数，当复合箍筋的肢数位单数时，设一个单肢箍。

8）当梁上开洞直径 $D \leqslant 300$mm 时，应设置洞口加强措施；当 $D \geqslant 300$mm 时，应符合设计要求。见图 7.4.2-5。

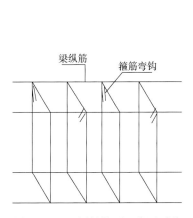

图 7.4.2-4 梁箍筋开口位置对称
布置示意图

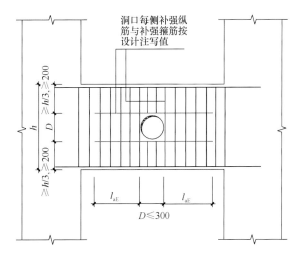

图 7.4.2-5 连梁上开孔附加钢筋示意图（mm）

（5）梁并筋等效直径、最小净距，梁柱纵筋间距要求见图 7.4.2-6～图 7.4.2-8。

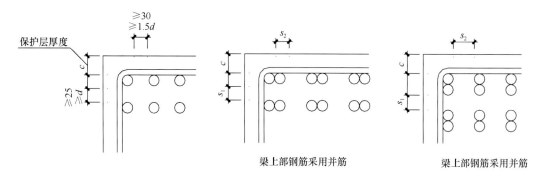

图 7.4.2-6　梁上部纵筋间距要求

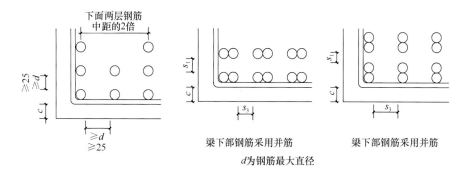

图 7.4.2-7　梁下部纵筋间距要求（mm）

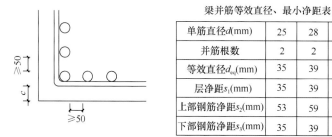

梁并筋等效直径、最小净距表

单筋直径d(mm)	25	28	32
并筋根数	2	2	2
等效直径d_{eq}(mm)	35	39	45
层净距s_1(mm)	35	39	45
上部钢筋净距s_2(mm)	53	59	68
下部钢筋净距s_3(mm)	35	39	45

图 7.4.2-8　柱纵筋间距要求（mm）

注：1. 当采用本图未涉及的并筋形式时，由设计确定。

　　2. 并筋等效直径的概念可用于本图中钢筋间距、保护层厚度、钢筋锚固长度等的计算中。

　　3. 并筋连接接头宜按每根单筋错开，接头面积百分率应按同一连接区段内所有的单根钢筋计算。钢筋的搭接长度应按单筋分别计算。

7.5　梁柱节点钢筋绑扎

7.5.1　工艺流程如下：

摆放框架柱箍筋，先不绑扎→绑扎 X 方向梁主要钢筋（在下铁钢筋下垫木方；铺设下铁通长钢筋；套梁箍筋；穿梁上铁通长钢筋；将箍筋与梁主筋固定、绑扎；穿下铁非通长钢筋；非通长钢筋与梁箍筋绑扎）→绑扎 Y 方向梁主要钢筋（在下铁钢筋下垫方木；铺设 Y 方向下铁通长钢筋；位置在 X 方向下铁上；套梁箍筋；穿梁上铁通长钢筋，位置在 X 方向上铁上；将箍筋与梁主筋固定、绑扎；穿下铁非通长钢筋；非通长钢筋与梁箍筋绑扎）→固定、绑扎框架柱箍筋→穿 X、Y 方向梁腰筋、绑扎→撤出方木，同时加保护层垫块。

7.5.2 施工要点如下：

（1）梁柱同宽或梁与柱一侧平齐时，梁外侧纵向钢筋按 1∶6 缓斜向弯折排布于柱外侧纵筋内侧，梁纵向钢筋弯起位置箍筋应紧贴纵向钢筋。

【注：为避免钢筋弯折减小保护层厚度，影响耐久性，必要时宜在此部位设置防裂防剥落钢筋网片。】

（2）在绑扎节点处平面相交叉、底部标高相同的框架梁时，可将一方向的梁下部纵向钢筋在支座处按 1∶12 缓斜向弯折排布于另一方向梁下部同排纵向钢筋之上，梁下部纵向钢筋保护层厚度不变。在梁下部纵向钢筋弯起位置箍筋应紧贴纵向钢筋，并绑扎牢固。

（3）梁纵向钢筋在节点处绑扎时，可适当排布躲让，但同一根梁，其上部纵筋向下躲让与下部纵筋向上躲让不应同时进行；当无法避免时，应由设计单位对该梁按实际截面有效高度进行核算。

（4）钢筋排布躲让时，梁上部纵筋向下（或梁下部纵筋向上）竖向位移距离不得大于需躲让纵筋直径。

（5）当梁上部（或下部）纵向钢筋多于一排时，其他排纵筋在节点内的构造要求与第一排纵筋相同。

（6）节点内锚固或贯通的钢筋，当钢筋交叉时，可点接触，单节点内平行的钢筋不应线状接触，应保持最小净距（25mm 和钢筋直径中较大值）。

（7）框架顶层节点外角需设置附加钢筋。角部附加钢筋应与柱箍筋及柱纵筋可靠绑扎。见图 7.5.2-1、图 7.5.2-2。

7.5.3 柱、梁钢筋搭接方式如下：

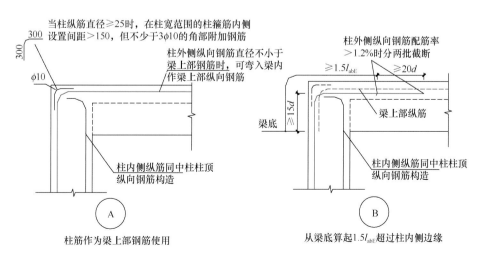

图 7.5.2-1 抗震 KZ 边柱和角柱柱顶纵向钢筋构造（mm）（一）

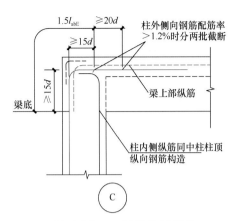

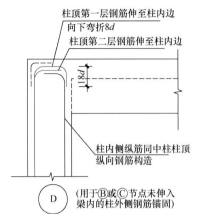

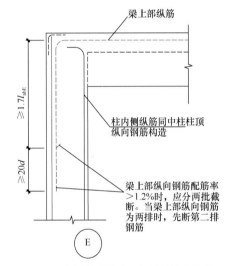

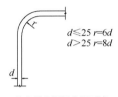

$d \leqslant 25\ r=6d$
$d > 25\ r=8d$

节点纵向钢筋弯折要求

C

从梁底算起1.5l_{abE}未超过柱内侧边缘

D （用于⑧或⑥节点未伸入梁内的柱外侧钢筋锚固）

当现浇板厚度不小于100时，也可按⑧节点方式伸入板内锚固，且伸入板内长度不宜小于15d

E

梁、柱纵向钢筋搭接接头沿节点外侧直线布置

注：1.节点④、⑧、⑥、⑩应配合使用，节点⑩不应单独使用（仅用于未伸入梁内的柱外侧纵筋锚固），伸入梁内的柱外侧纵筋不宜少于柱外侧全部纵筋面积的65%。可选择⑧+⑩或⑥+⑩或④+⑧+⑩或④+⑥+⑩的做法。
2.节点⑥用于梁、柱纵向钢筋接头沿节点柱顶外侧直线布置的情况，可节点④组合使用。

图 7.5.2-1　抗震 KZ 边柱和角柱柱顶纵向钢筋构造（mm）（二）

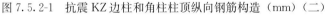

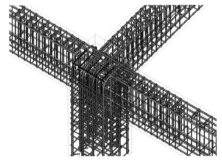

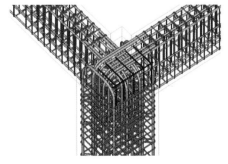

图 7.5.2-2　角部附加筋设置示意图（mm）

（1）柱角部的纵向钢筋搭接宜选用同层搭接或内侧搭接。

（2）柱角部箍筋135°弯钩处平直段应确保箍筋与纵向钢筋贴合紧密。

（3）柱角部纵向钢筋搭接若采用斜向搭接时，搭接纵向钢筋由搭接位置自然弯曲回复至原位纵筋的位置。

（4）柱非角部纵向钢筋搭接应选用同层搭接，尽量避免内侧搭接或斜向搭接。

（5）梁纵向钢筋搭接应采用同层搭接。

7.5.4 梁柱加密区箍筋（n）的计算如下：

（1）确定抗震箍筋加密区的范围（h）或纵向钢筋绑扎搭接的长度（l），加密区的箍筋数量应为：

$$n = l/\alpha + 1 \text{ 或 } n = h/\alpha + 1（\text{有小数时进一}）$$

式中：n——箍筋的数量；

l——钢筋绑扎的长度；

h——层净高；

α——箍筋间距。

（2）梁柱构件的纵向受力钢筋搭接长度范围内箍筋加密，当纵向受力钢筋直径大于 25mm 时，应在搭接接头两个端面外 100mm 范围内各设置两个箍筋，其间距为 50mm。见图 7.5.4-1。

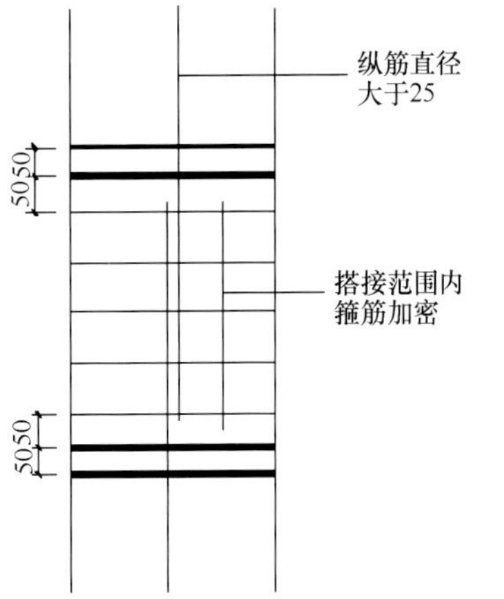

7.5.5 构造措施如下：

（1）主、次梁等高时纵筋构造示意图见图 7.5.5-1。

（2）梁柱等宽时梁纵筋构造示意图见图 7.5.5-2。

（3）主梁上次梁（集中荷载）处箍筋加密示意图见图 7.5.5-3。

（4）框柱两侧梁高宽不等时纵筋构造示意图见图 7.5.5-4。

图 7.5.4-1　梁柱构件搭接区域加密
箍筋设置示意图（mm）

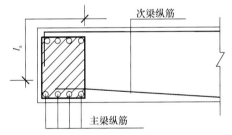

图 7.5.5-1　主、次梁等高时纵筋构造示意图

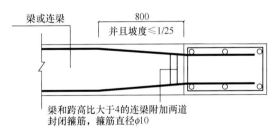

图 7.5.5-2　梁柱等宽或梁一边与柱平齐时，
梁纵筋构造示意图

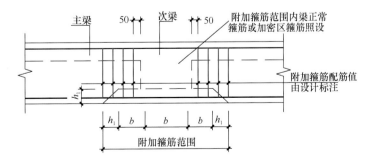

图 7.5.5-3　主梁上次梁（集中荷载）处箍筋加密示意图

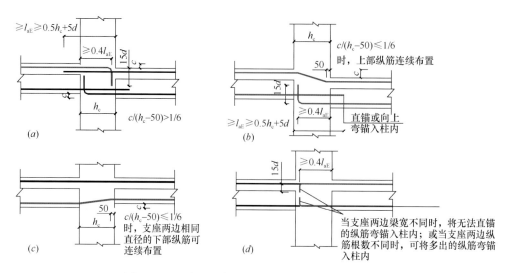

图 7.5.5-4　框柱两侧梁高宽不等时纵筋构造示意图

（5）梁柱外平钢筋做法构造示意图见图 7.5.5-5。

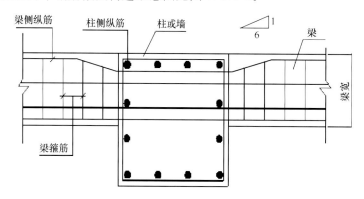

图 7.5.5-5　梁柱外平钢筋做法构造示意图

7.6　剪力墙钢筋绑扎

7.6.1　工艺流程如下：

在顶板上弹墙体外皮线和模板外控制线→调正纵向钢筋位置→接长竖向钢筋并检查接头质量→绑竖向和水平梯子筋→绑扎暗柱及门窗过梁钢筋→绑墙体水平钢筋→设置拉结筋和垫块。

7.6.2　施工要点如下：

（1）弹墙体外皮线、模板控制线，清理受污染甩槎钢筋。根据保护层厚度，按 1∶6 校正甩槎立筋，如有较大位移时，应与设计方协商处理。

（2）接长竖向钢筋，对钢筋进行预检，先安装预制竖向和水平梯子筋（梯子筋如代替竖向钢筋，应大于墙体竖向钢筋一个规格，梯子筋中控制墙厚的横档钢筋长度比墙厚小 2mm，端头用无齿锯锯平后刷防锈漆），并注意吊垂直；再绑扎暗柱和过梁钢筋，一道墙一般设置 2～3 个竖向梯子筋为宜，然后绑扎墙体水平筋。见图 7.6.2-1～图 7.6.2-4。

图 7.6.2-1 墙体梯子筋设置（一）

图 7.6.2-2 墙体梯子筋设置（二）

图 7.6.2-3 梯子筋横档钢筋端部刷防锈漆（一）

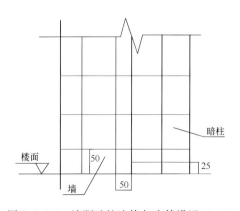
图 7.6.2-4 梯子筋横档钢筋端部刷防锈漆（二）

（3）剪力墙第一根竖向分布筋在距离暗柱边缘为 50mm。第一根水平分布钢筋在距离地面（基础顶面）50mm 处开始布置（当与边缘构件或边框柱中箍筋位置冲突时，可置于箍筋上方）。

（4）楼板的纵横钢筋距墙边（含梁边）50mm；梁柱接头处的箍筋距柱边 50mm；次梁箍筋距主梁边 50mm；阳台留出竖向钢筋距墙边 50mm；阳台、飘窗、空调板水平筋距外墙 50mm；墙面水平筋距楼地面 50mm；暗柱箍筋距楼地面 30mm；墙面纵向筋距暗柱、门口边 50mm。见图 7.6.2-5～图 7.6.2-8。

（5）墙钢筋为双向受力钢筋，用顺扣绑扎墙体钢筋，各点交错绑扎，绑扎墙上所有交叉点，其锚固长度、搭接长度及错开要求应符合设计要求。

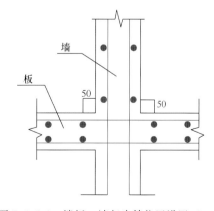

图 7.6.2-5 墙距暗柱边缘起步筋设置（mm）

图 7.6.2-6 楼板、墙起步筋位置设置（mm）

图 7.6.2-7　墙体竖向起步筋　　　　　　图 7.6.2-8　墙体水平起步筋

（6）剪力墙转角部位，当水平分布筋连续通过，并在暗柱外侧搭接时，如两侧墙体水平分布筋配筋量不同，应将配筋量较大侧墙体钢筋转过暗柱，在配筋量较小一侧搭接；如两侧墙体水平分布筋配筋量相同，则在转角暗柱两侧交错搭接。

（7）绑扎双排钢筋之间的拉结筋，拉结筋规格、间距应符合设计要求。层高范围内由下层板面以上第二根水平筋开始设置，至顶层板底向下第一排水平筋处终止；墙身宽度范围内由距边缘构件边第一排竖向分部筋处开始设置。位于边缘构件范围内的水平分布筋也应设置拉结筋，此范围拉结筋间距不大于墙身拉筋间距。墙体拉结筋的两种布置方式，"双向"或"梅花双向"。具体见图 7.6.2-9（图中 a 为竖向分布钢筋间距，b 为水平分布钢筋间距）。

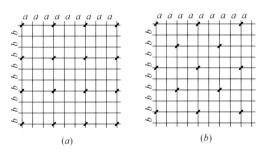

图 7.6.2-9　墙体拉筋布置示意图（双向、梅花双向）

（a）拉结箍@$3a3b$ 矩形（a≤200mm、b≤200mm）；
（b）拉结筋@$4a4b$ 矩形（a≤150mm、b≤150mm）

（8）墙身拉结筋应同时钩住竖向分布筋和水平分部筋。当墙身分布筋多于两排时，拉筋应与墙身内部的每排竖向和水平分布筋同时绑扎牢固。绑扎拉结筋时，应采用工具式卡具卡住后再弯，以保证钢筋排距不变。

（9）在墙筋外侧绑扎水泥砂浆垫块（带有铁丝或穿丝孔）或塑料卡，保证保护层厚度。垫块安装间距应不大于 1000mm，呈梅花形布置。

（10）在洞口竖向钢筋上画出标高线，按设计要求绑扎连梁钢筋，连梁钢筋及暗柱箍筋采用缠扣绑扎。锚固入墙内长度符合设计要求，第一根过梁箍筋距暗柱边 50mm，顶层时过梁入支座全部锚固长度范围内均要加设箍筋，间距应以图纸或图集要求为准。

（11）当设计未注写时，连梁部位墙体水平筋应连续通过，连梁箍筋按设计布置，拉筋间距为 2 倍箍筋间距（隔一拉一），竖向间距为 2 倍水平筋间距（隔一拉一）。

（12）除设计特别注明以外，地下室外墙墙体竖向筋在外侧，水平筋在内侧，其他墙体水平筋在外侧，竖向筋在内侧。见图 7.6.2-10。

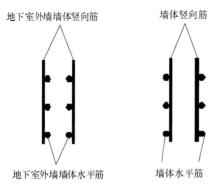

图 7.6.2-10 墙体水平筋设置位置示意图

（13）剪力墙同排内相邻两根竖向筋接头应相互错开，不同排相邻两根竖向筋接头也应相互错开。搭接接头错开 500mm，机械连接接头错开 35d。注意搭接接头的长度除应满足 1.2l_{aE} 外，还应满足搭接范围内通过三根水平筋。见图 7.6.2-11、图 7.6.2-12。另见本章 6.1.5 条。

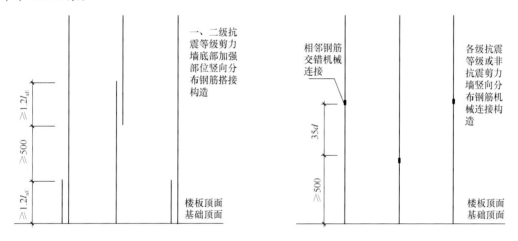

图 7.6.2-11 绑扎搭接与机械连接接头位置设置（mm）

图 7.6.2-12 墙体接头位置设置及保护

7.6.3 细部构造如下：

（1）当墙体开洞时，应增加洞口加强措施。见图 7.6.3-1。

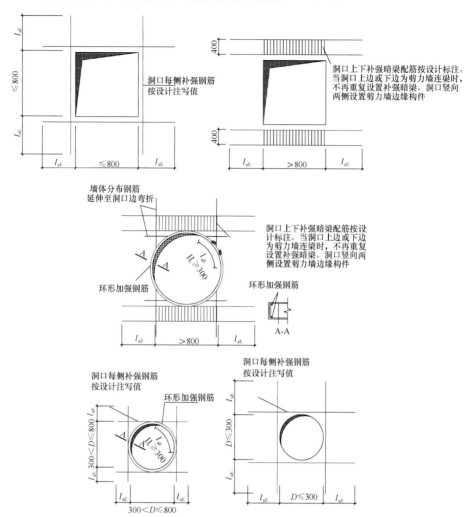

图 7.6.3-1　墙上开洞附加钢筋示意图（mm）

（2）当墙、柱变截面时钢筋构造示意图见图 7.6.3-2。

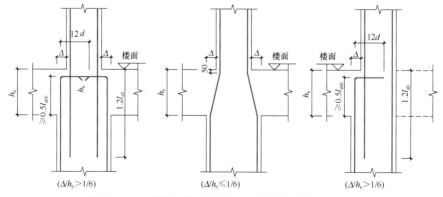

图 7.6.3-2　当墙、柱变截面时钢筋构造示意图（mm）

（3）连梁箍筋应符合图 7.6.3-3～图 7.6.3-6 的要求。

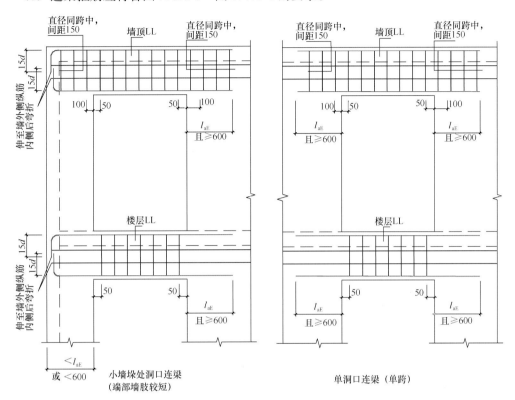

图 7.6.3-3　连梁箍筋构造（mm）

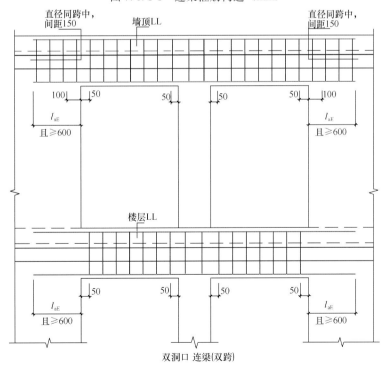

双洞口 连梁(双跨)

图 7.6.3-4　双洞口连梁（双跨）箍筋构造（mm）

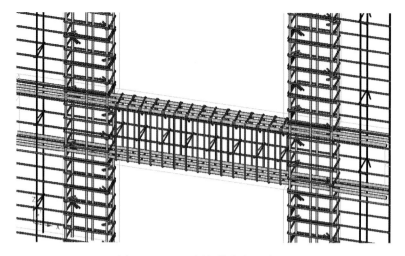

图 7.6.3-5　过梁钢筋绑扎示意图

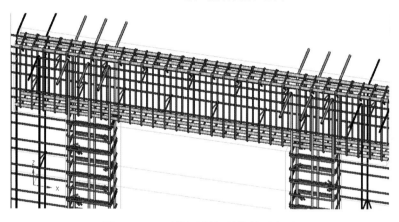

图 7.6.3-6　顶层过梁钢筋绑扎示意图

（4）连梁、暗梁拉筋由设计确定，如设计无要求，当连梁宽≤350mm 时拉筋直径宜为 6mm，当梁宽＞350mm 时拉筋直径宜为 8mm，拉筋间距为非加密区箍筋间距的 2 倍，当设置有多排拉筋时，上下两排拉筋竖向错开。见图 7.6.3-7。

（5）连梁侧面及底面应加垫块控制钢筋保护层，连梁下部如有双排铁，可加一粗钢筋头用以控制两排铁之间的距离。见图 7.6.3-8。

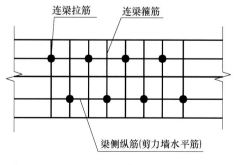

图 7.6.3-7　连梁、暗梁拉筋设置排布示意图

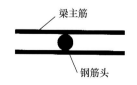

图 7.6.3-8　连梁下部双排铁间距控制示意图

（6）门窗洞口支模时，设置固定门口模板的定位筋（端头用无齿锯切割，且涂刷防锈漆），且定位筋焊在附加的U形铁上，不得焊在受力筋上，而U形铁应绑扎在主筋上。见图7.6.3-9、图7.6.3-10。

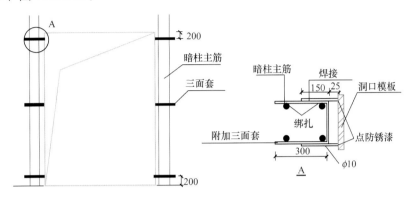

图 7.6.3-9 门窗洞口模板的定位筋设置示意图（mm）

图 7.6.3-10 门窗洞口模板的定位筋设置

（7）钢筋安装前应进行翻样，钢筋翻样要考虑水电专业的预留洞及管线，尽量不切断钢筋，电盒焊在附加的钢筋上，安装牢固，不得焊在主筋上，且附加钢筋不得焊在受力筋上，而应绑扎在主筋上。

7.7 楼板钢筋绑扎

7.7.1 工艺流程如下：

在模板弹钢筋位置线→楼板下层钢筋敷设→绑扎楼板下层钢筋→水电工序插入→放置马凳（或垫块）→绑扎楼板负弯矩筋→检查调整墙、柱预留钢筋。

7.7.2 施工要点如下：

（1）根据墙体边线、钢筋间距用墨斗在模板上弹出钢筋位置线。在画线时，应注意钢筋的保护层符合设计规定，然后根据图纸要求的间距在模板两边先画出起始钢筋的位置，第一根钢筋应距墙边或梁边 50mm 布置，再依次按图纸间距标出其他钢筋的位置，然后用墨斗弹出钢筋位置线。

（2）绑扎楼板下铁钢筋网时，板下铁短向钢筋置于下排，板上铁短向钢筋置于上排。钢筋端头过墙体中心线且大于 5d，光圆钢筋端部做 180°弯钩。上铁钢筋弯钩垂直朝下，下铁钢筋弯钩要垂直朝上。见图 7.7.2-1、图 7.7.2-2。

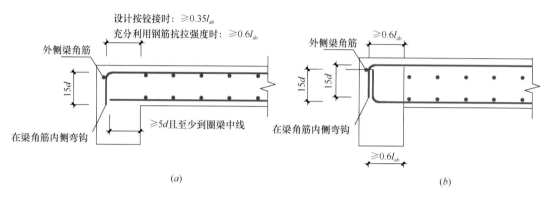

图 7.7.2-1　板在端部的锚固构造（一）

（a）普通楼屋面板；（b）用于梁板式转换层的楼面板

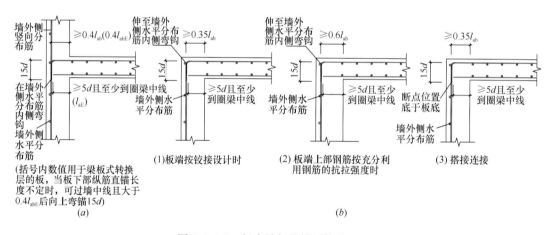

图 7.7.2-2　板在端部的锚固构造（二）

（a）端部支座为剪力墙中间层；（b）端部支座为剪力墙墙顶时

（3）下层楼板钢筋绑扎完毕后，水电预留预埋施工及时插入并做好验收工作，避免上层钢筋网片施工完成后的返工，防止踩踏、破坏上层钢筋网。

（4）楼板下层下铁钢筋保护层厚度采用垫块垫置，垫块成梅花形布置；楼板上层钢筋保护层采用马凳控制，根据负弯矩钢筋端头位置（距钢筋端头 150mm 处）放置马凳，马凳放在下层上铁与负弯矩钢筋之间，并根据现场实际情况确定马凳间距。

（5）绑扎楼板钢筋网时，应对其全部钢筋交点进行绑扎，绑扎时采用八字扣，防止钢筋网片变形。

（6）楼板上铁贯通纵筋接头位置应在跨中 $l_n/2$ 处，下铁接头应在支座处。见图 7.7.2-3。

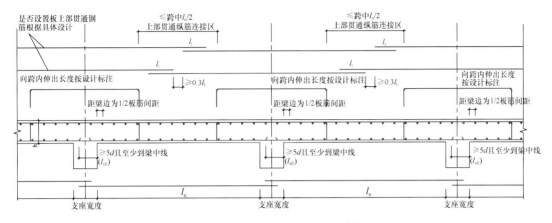

图 7.7.2-3 有梁楼盖露面板钢筋构造

（7）绑扎悬挑板时，需特别注意悬挑板上层钢筋位置，如上铁位置下弯则容易造成浇筑悬挑板后，由根部断裂或坍塌的质量事故隐患。见图 7.7.2-4。

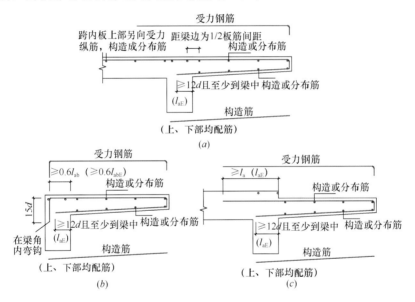

图 7.7.2-4 悬挑板钢筋构造

（8）当楼板开≤300mm 的洞口时，洞口边的板筋可按 1：6 弯折通过，不可通过洞口的钢筋，应做封边处理。见图 7.7.2-5。

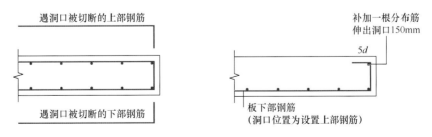

图 7.7.2-5 不通过板洞的钢筋封边构造

（9）当楼板开≥300mm，但不大于1000mm的洞口时，应做加强处理，不可通过洞口的板筋，应做封边处理。补强钢筋构造见图7.7.2-6。

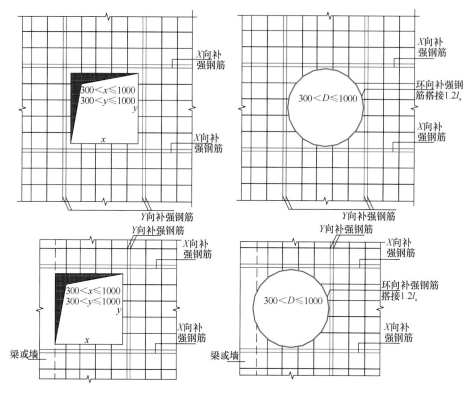

图 7.7.2-6　大于 300 但不大于 1000 板洞口的补强钢筋构造（mm）

8　钢筋安装工程质量检查标准

8.1　钢筋隐蔽验收内容

在混凝土浇筑前，应进行钢筋的隐蔽工程验收，主要包括下列内容：

（1）纵向受力钢筋的牌号、规格、数量、位置；

（2）钢筋的连接方式、接头位置、接头质量、接头面积百分率、搭接长度、锚固方式及锚固长度；

（3）箍筋、横向钢筋的牌号、规格、数量、间距、位置，箍筋弯钩的弯折角度及平直段长度；

（4）预埋件的规格、数量和位置。

【注：在钢筋安装工程中，特别是体量较大的底板、梁柱、顶板等，一旦绑扎完成，拆改难度较大、费用较高，因此钢筋安装工程宜注意施工预控和过程检查。提前对所用半成品的型号、规格、数量以及绑扎过程中的质量进行检查；尽早发现问题，可避免不必要的工期和经济损失。】

8.2 钢筋加工的允许偏差

钢筋加工的允许偏差   表 8.2-1

项　次	项　目	允许偏差（mm）
1	受力钢筋沿长度方向的净尺寸	±10
2	弯起钢筋的弯折位置	±20
3	箍筋外廓尺寸	±5

8.3 钢筋工程安装允许偏差及检查方法

钢筋安装偏差及检验方法应符合表 8.3-1 的规定，受力钢筋保护层厚度的合格点率应达到 90％及以上，且不得超过表中数值 1.5 倍的尺寸偏差。

钢筋安装允许偏差和检验方法   表 8.3-1

项　目		允许偏差(mm)	检查方法
绑扎钢筋网	长、宽	±10	尺量
	网眼尺寸	±20	尺量连续三档，取最大偏差值
绑扎钢筋骨架	长	±10	尺量
	宽、高	±5	尺量
纵向受力钢筋	锚固长度	−20	尺量
	间距	±10	尺量两端、中间各一点，取最大偏差值
	排距	±5	
纵向受力钢筋、箍筋的混凝土保护层厚度	基础	±10	尺量
	柱、梁	±5	尺量
	板、墙、壳	±3	尺量
绑扎箍筋、横向钢筋间距		±20	尺量连续三档，取最大偏差值
钢筋弯起点位置		20	尺量
预埋件	中心线位置	5	尺量
	水平高差	+3，0	塞尺量测

9 钢筋施工的管理措施

9.1 技术交底制度

为便于工人操作，制作钢筋安装技术交底牌，直接悬挂在操作面，指导施工，便于检查。见图 9.1-1～图 9.1-4。

图 9.1-1　钢筋交底现场挂牌　　　　　　图 9.1-2　钢筋交底现场挂牌

图 9.1-3　钢筋绑扎标识牌　　　　　　图 9.1-4　钢筋交底现场挂牌

9.2　样板制度

按照施工方案和技术交底中的质量要求组织样板工程的施工，通过样板引路，做到一次成优，经质量负责人、工长等联合检查鉴定后，再进行大面积的施工，其质量不能低于样板工程的质量。见图 9.2-1～图 9.2-3。

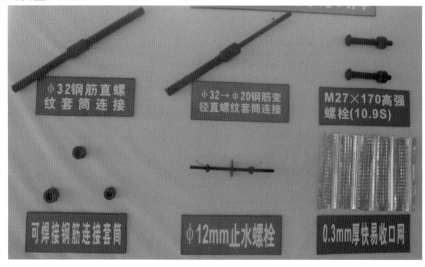

图 9.2-1　材料样板

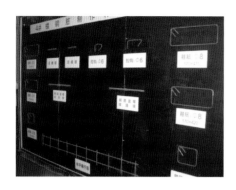

图 9.2-2　钢筋加工样板　　　　　　　图 9.2-3　钢筋安装样板

9.3　三检制度

坚持实行自检、专检、交接检。各工种、工序、分部分项工程的施工质量，以及材料进场、施工试验、图纸变更、加工订货、施工方案及技术措施均严格执行此项制度，及时尽早发现问题，解决问题。见图 9.3-1～图 9.3-4。

图 9.3-1　现场检查（一）　　　　　　　图 9.3-2　现场检查（二）

图 9.3-3　现场检查（三）　　　　　　　图 9.3-4　现场检查（四）

9.4　成品保护制度

9.4.1　墙、柱竖向钢筋在浇筑混凝土前套好塑料管保护或用彩条布、塑料条包裹严密，并且在混凝土浇筑时，及时用布或棉丝沾水将被污染的钢筋擦净。见图 9.4.1-1～图 9.4.1-6。

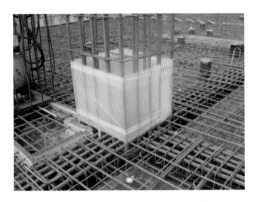

图 9.4.1-1　柱钢筋防止污染保护

图 9.4.1-2　墙柱钢筋防止污染保护

图 9.4.1-3　柱钢筋防止污染保护

图 9.4.1-4　墙钢筋防止污染保护

图 9.4.1-5　独立柱钢筋防止污染保护

图 9.4.1-6　柱钢筋防止污染保护

9.4.2　顶板混凝土浇筑前，搭设操作通道，做好成品钢筋保护。见图 9.4.2-1～图 9.4.2-5。

图 9.4.2-1 钢筋成品保护（一）

图 9.4.2-2 钢筋成品保护（二）

图 9.4.2-3 浇筑混凝土时对上层钢筋
保护，设置钢筋网凳（一）

图 9.4.2-4 浇筑混凝土时对上层钢筋
保护，设置钢筋网凳（二）

布料机马凳
焊接钢板垫
片防止对模
板破坏

图 9.4.2-5 布料机马凳，对钢筋及模板进行保护

第2章 模 板 工 程

依据工程结构质量对模板的基本要求进行模板的选型、设计、强度验算、细部处理、安装就位等施工策划。模板应尺寸准确，板面平整；具有足够的承载力、刚度和稳定性，能可靠地承受新浇筑混凝土的自重和侧压力以及施工荷载；构造简单，装拆方便，并便于钢筋的绑扎、安装和混凝土的浇筑、养护；并在满足塔式起重机起重量要求、施工便利和经济的条件下，尽可能扩大模板面积、减少拼缝等。

1 施工主要相关规范及标准

本条所列的是与施工相关的主要国家和行业标准，也是项目部需配置的，且在施工中经常查看的规范标准。地方标准由于各地要求不一致，未进行列举，但在各地施工时必须参考。

《混凝土结构工程施工质量验收规范》GB 50204

《混凝土结构工程施工规范》GB 50666

《大体积混凝土施工规范》GB 50496

《滑动模板工程技术规范》GB 50113

《组合钢模板技术规范》GB 50214

《建筑施工安全检查标准》JGJ 59

《液压滑动模板施工安全技术规程》JGJ 65

《建筑工程大模板技术规程》JGJ 74

《建筑施工门式钢管脚手架安全技术规范》JGJ 128

《建筑施工扣件式钢管脚手架安全技术规范》JGJ 130

《建筑施工模板安全技术规范》JGJ 162

《建筑施工碗扣式钢管脚手架安全技术规范》JGJ 166

《清水混凝土应用技术规程》JGJ 169

《液压爬升模板工程技术规程》JGJ 195

《钢框胶合板模板技术规程》JGJ 96

《建筑施工承插型盘扣式钢管支架安全技术规程》JGJ 231

《危险性较大的分部分项工程安全管理办法》建质［2009］87

2 模板工程主要强制性条文、规定

2.1 《混凝土结构工程施工质量验收规范》GB 50204—2015 强制性条文

（1）（第 4.1.2 条）模板及支架应根据安装、使用和拆除工况进行设计，并应满足承载力、刚度和整体稳固性要求。

2.2 《混凝土结构工程施工规范》GB 50666—2011 强制性条文

（1）（第 4.1.2 条）模板及支架应根据施工过程中的各种工况进行设计，应具有足够的承载力和刚度，并应保证其整体稳定性。

（2）采用扣件式钢管作高大模板支架的立杆时，支架搭设应符合下列规定：

1 钢管规格、间距和扣件应符合设计要求；

2 立杆上应每步设置双向水平杆，水平杆应与立杆扣件连接；

3 立杆底部应设置垫板。

2.3 《大体积混凝土施工规范》GB 50496—2009 强制性条文

（1）（第 5.3.2 条）模板和支架系统在安装、使用和拆除过程中，必须采取防倾覆的临时固定措施。

2.4 《滑动模板工程技术规范》GB 50113—2005 强制性条文

（1）（第 5.1.3 条）滑动装置设计计算必须包括下列荷载：

1 模板系统、操作平台系统的自重（按实际重量计算）；

2 操作平台上的施工荷载，包括操作平台上的机械设备及特殊设施等的自重（按实际重量计算），操作平台上施工人员、工具和堆放材料等；

3 操作平台上设置的垂直运输设备运转时的额定附加荷载，包括垂直运输设备的起重量及柔性滑道的张紧力等（按实际荷载计算）；垂直运输设备刹车时的制动力；

4 卸料对操作平台的冲击力，以及向模板内倾倒混凝土时混凝土对模板的冲击力；

5 混凝土对模板的侧压力；

6 模板滑动时混凝土与模板之间的摩阻力，当采用滑框倒模施工时，为滑轨与模板之间的摩阻力；

7 风荷载。

（2）（第 6.3.1 条）支承杆的直径、规格应与所使用的千斤顶相适应，第一批插入千斤顶的支承杆其长度不得少于 4 种，两相邻接头高差不应小于 1m，同一高度上支承杆接头数不应大于总量的 1/4。

当采用钢管支承杆且设置在混凝土体外时，对支承杆的调直、接长、加固应作专项设计，确保支承体系稳定。

（3）（第 6.4.1 条）用于滑模施工的混凝土，应事先做好混凝土配比的试配工作，其性能除应满足设计所规定的强度、抗渗性、耐久性以及季节性施工等要求外，尚应满足下列规定：

1 混凝土早期强度的增长速度，必须满足模板滑升速度的要求；

（4）（第 6.6.9 条）在滑升过程中，应检查操作平台结构、支承杆的工作状态及混凝土的凝结状态，发现异常时，应及时分析原因并采取有效的处理措施。

（5）（第 6.6.14 条）模板滑空时，应事先验算支承杆在操作平台自重、施工荷载、风荷载等共同作用下的稳定性，稳定性不满足要求时，应对支承杆采取可靠的加固措施。

（6）（第6.6.15条）混凝土出模强度应控制在0.2MPa～0.4MPa或混凝土贯入度阻力值在 0.3kN/cm² ～ 1.05kN/cm²；采用滑框倒模施工的混凝土出模强度不得小于0.2MPa。

（7）（第6.7.1条）按整体结构设计的横向结构，当采用后期施工时，应保证施工过程中的结构稳定并满足设计要求。

（8）（第8.1.6条）混凝土出模强度的检查，应在滑模平台现场进行测定，每一工作班应不少于一次；当在一个工作班上气温有骤变或混凝土配合比有变动时，必须相应增加检查次数。

2.5 《建筑工程大模板技术规程》JGJ 74—2003 强制性条文

（1）（第3.0.2条）组成大模板各系统之间的连接必须安全可靠。

（2）（第3.0.4条）大模板的支撑系统应能保持大模板竖向放置的安全可靠和在风荷载作用下的自身稳定性。地脚调整螺栓长度应满足调节模板安装垂直度和调整自稳角的需要，地脚调整装置应便于调整，转动灵活。

（3）（第3.0.5条）大模板吊环应采用Q235A 材料制作并应具有足够的安全储备，严禁使用冷加工钢筋，焊接式钢吊环应合理选择焊条型号，焊缝长度和焊缝高度应符合设计要求；装配式吊环与大模板采用螺栓连接时必须采用双螺母。

（4）（第4.2.1条）大模板的重量必须适应现场起重设备能力的要求。

（5）（第6.1.6条）吊装大模板时应设专人指挥，模板起吊应平稳，不得偏斜和大幅度摆动。操作人员必须站在安全可靠处，严禁人员随同大模板一同起吊。

（6）（第6.1.7条）吊装大模板必须采用带卡环吊钩。当风力超过5级时应停止吊装作业。

（7）（第6.5.1条）起吊大模板前应先检查模板与混凝土之间所有对拉螺栓、连接件是否全部拆除，必须在确认模板和混凝土结构之间无任何连接后方可起吊大模板，移动模板时不得碰撞墙体；

（8）（第6.5.2条）大模板的堆放应符合下列要求：

1 大模板现场堆放区应在起重机的有效工作范围之内，堆放场地必须坚实平整，不得堆放在松土、冻土或凸凹不平的场地上。

2 大模板堆放时，有支撑架的大模板必须满足自稳角要求；当不能满足要求时，必须另外采取措施，确保模板放置的稳定。没有支撑架的大模板应存放在专用的插放支架上，不得倚靠在其他物体上，防止模板下脚滑移倾倒。

3 大模板在地面堆放时，应采取两块大模板面对板面相对放置的方法，且应在模板中间留置不小于600mm的操作间距；当长期堆放时，应将模板连接成整体。

2.6 《钢框胶合板模板技术规程》JGJ 96—2011 强制性条文

（1）（第3.3.1条）吊环应采用HPB235 钢筋制作，严禁使用冷加工钢筋。

（2）（第4.1.2条）模板及支承应具有足够的承载力、刚度和稳定性。

（3）（第6.4.7条）在起吊模板前，应拆除模板与混凝土结构之间所有对拉螺栓、连接件。

2.7 《建筑施工模板安全技术规范》JGJ 162—2008 强制性条文

(1)（第5.1.6条）模板结构构件的长细比应符合下列规定：

1 受压杆件长细比：支架立柱及桁架，不应大于150；拉条、缀条、斜撑等连系构件，不应大于200；

2 受拉杆件长细比：钢杆件，不应大于350；木杆件，不应大于250。

(2)（第6.1.9条）支撑梁、板的支架立柱安装构造应符合下列规定：

1 梁和板的立柱，纵横向间距应相等或成倍数。

2 木立柱底部应设垫木，顶部应设支撑头。钢管立柱底部应设垫木和底座，顶部应设可调支托，U形支托与楞梁两侧间如有间隙，必须楔紧，其螺杆伸出钢管顶部不得大于200mm，螺杆外径与立柱钢管内径的间隙不得大于3mm，安装时应保证上下同心。

3 在立柱底距地面200mm高处，沿纵横水平方向应按纵下横上的程序设扫地杆。可调支托底部的立柱顶端应沿纵横向设置一道水平拉杆。扫地杆与顶部水平拉杆之间的间距，在满足模板设计所确定的水平拉杆步距要求条件下，进行平均分配确定步距后，在每一步距处纵横向应各设置一道水平杆。当层高在8m～20m时，在最顶步距两水平拉杆中间应加设一道水平拉杆；当层高大于20m时，在最顶两步距水平拉杆中间应分别增加一道水平拉杆。所有水平拉杆的端部均应与四周建筑物顶紧顶牢。无处可顶时，应在水平拉杆端部和中部沿竖向设置连续式剪刀撑。

4 木立柱的扫地杆、水平拉杆、剪刀撑应采用40mm×50mm木条或25mm×80mm的木板条与木立柱钉牢。钢管立柱的扫地杆、水平拉杆、剪刀撑应采用ϕ48mm×3.5mm钢管，用扣件与钢管立柱扣牢。木扫地杆、水平拉杆应采用对接，剪刀撑应采用搭接，并应采用铁钉钉牢。钢管扫地杆、水平拉杆应采用对接，剪刀撑应采用搭接，搭接长度不得小于500mm，并应采用2个旋转扣件分别在离杆端不小于100mm处进行固定。

(3)（第6.2.4条）当采用扣件式钢管作立柱支撑时，其安装构造应符合下列规定：

1 钢管规格、间距、扣件应符合设计要求。每根立柱底部应设置底座及垫板，垫板厚度不得小于50mm。

2 钢管支架立柱间距、扫地杆、水平拉杆、剪刀撑的设置应符合第6.1.9条的规定。当立柱底部不在同一高度时，高处的纵向扫地杆应向低处延长不少于2跨，高低差不得大于1m，立柱距边坡上方边缘不得小于0.5m。

3 立柱接长严禁搭接，必须采用对接扣件连接，相邻两立柱的对接接头不得在同步内，且对接接头沿竖向错开的距离不宜小于500mm，各接头中心距主节点不宜大于步距的1/3。

4 严禁将上段的钢管立柱与下段钢管立柱错开固定在水平拉杆上。

5 满堂模板和共享空间模板支架立柱，在外侧周圈应设由下至上的竖向连续式剪刀撑；中间在纵横向应每隔10m左右设由下至上的竖向连续式剪刀撑，其宽度宜为4m～6m，并在剪刀撑部位的顶部、扫地杆处设置水平剪刀撑（图6.2.4-1）。剪刀撑杆件的底端应与地面顶紧，夹角宜为45°～60°。当建筑层高在8m～20m时，除应满足上述规定外，还应在纵横向相邻的两竖向剪刀撑之间增加之字斜撑，在有水平剪刀撑的部位，应在每个剪刀撑中间处增加一道水平剪刀撑（图6.2.4-2）。当建筑物层高超过20m时，在满足以上规定的基础上，应将所有之字斜撑全部改为连续式剪刀撑（图 6.2.4-3）。

6 当支架立柱高度超过 5m 时，应在立柱周围外侧和中间有结构柱的部位，按水平间距 6m～9m、竖向 2m～3m 与建筑结构设置一个固结点。

2.8 《液压爬升模板工程技术规程》JGJ 195—2010 强制性条文

（1）（第 3.0.1 条）采用液压爬升模板进行施工必须编制爬模专项施工方案，进行爬模装置设计与工作荷载计算；且必须对承载螺栓、支承杆和导轨主要受力部件分别按施工、爬升、和停工三种工况进行强度、刚度及稳定性计算。

（2）（第 3.0.6 条）在爬模装置爬升时，承载体受力处的混凝土强度必须大于 10MPa，且必须满足设计要求。

（3）（第 5.2.4 条）承载螺栓和锥形承载接头设计应符合下列规定：

1 固定在墙体预留孔内的承载螺栓在垫板、螺母以外长度不应少于 3 个螺距，垫板尺寸不应小于 100mm×100mm×10mm。

2 锥形承载接头应有可靠锚固措施，锥体螺母长度不应小于承载螺栓外径的 3 倍，预埋件和承载螺栓拧入锥体螺母的深度均不得小于承载螺栓外径的 1.5 倍。

3 当锥体螺母与挂钩连接座设计成一个整体部件时，其挂钩部分的最小截面应按照承载螺栓承载力计算方法计算。

（4）（第 9.0.2 条）爬模工程必须编制安全专项施工方案，且必须经过专家论证。

（5）（第 9.0.15 条）爬模装置拆除时，参加拆除的人员必须系好安全带并扣好保险钩；每起吊一段模板或架体前，操作人员必须离开。

（6）（第 9.0.16 条）爬模施工现场必须有明显的安全标志，爬模安装、拆除时地面必须设围栏和警戒标志，并派专人看守，严禁非操作人员入内。

2.9 《建筑施工承插型盘扣式钢管支架安全技术规程》JGJ 231—2010 强制性条文

（1）（第 3.1.2 条）插销外表面应与水平杆和斜杆杆端扣接头内表面吻合，插销连接应保证锤击自锁后不拔脱，抗拔力不得小于 3kN。

（2）（第 6.1.5 条）模板支架可调托座伸出顶层水平杆或双槽钢托的悬臂长度严禁超过 650mm，且丝杆外露长度严禁超过 400mm，可调托座插入立杆或双槽钢托梁长度不得小于 150mm。

（3）（第 9.0.6 条）严禁在模板支架及脚手架基础开挖深度影响范围内进行挖掘作业。

（4）（第 9.0.7 条）拆除时支架构件应安全地传递至地面，严禁抛掷。

2.10 建质［2009］87 号危险性较大的分部分项工程安全管理办法

当模板工程及支撑体系超过下列规模时，施工单位应当在分部分项工程施工前编制专项方案：

（1）各类工具式模板工程：包括大模板、滑模、爬模、飞模等工程。

（2）混凝土模板支撑工程：搭设高度 5m 及以上；搭设跨度 10m 及以上；施工总荷载 10kN/m² 及以上；集中线荷载 15kN/m 及以上；高度大于支撑水平投影宽度且相对独立无连系构件的混凝土模板支撑工程。

（3）承重支撑体系：用于钢结构安装等满堂支撑体系。

当模板工程及支撑体系超过下列规模时应组织召开专家论证会：

（1）工具式模板工程：包括滑模、爬模、飞模工程。

（2）混凝土模板支撑工程：搭设高度8m及以上；搭设跨度18m及以上，施工总荷载15kN/m² 及以上；集中线荷载20kN/m及以上。

（3）承重支撑体系：用于钢结构安装等满堂支撑体系，承受单点集中荷载700kg以上。

3 模板的设计与选型要点

3.1 模板的设计

3.1.1 模板及支架设计内容

模板规格类型设计和制作数量，应兼顾其后续工程的适用性和通用性，宜多标准型、多通用、多周转、少异形。模板及支架的主要设计内容应包括：

（1）模板及支架的选型及构造设计；

（2）模板及支架上的荷载及其效应计算；

（3）模板及支架的承载力、刚度和稳定性；

（4）绘制模板及支架施工图。

3.1.2 模板及支架设计的荷载组合

模板及支架的设计应计算不同工况下的各项荷载。常遇的荷载应包括模板及支架自重（G_1）、新浇筑混凝土自重（G_2）、钢筋自重（G_3）、新浇筑混凝土对模板侧面的压力（G_4）、施工人员及施工设备荷载（Q_1）、泵送混凝土及倾倒混凝土等原因产生的荷载（Q_2）、风荷载（Q_3）等。

混凝土水平构件的底模板及支架、高大模板支架、混凝土竖向构件和水平构件的侧面模板及支架，宜按表3.1.2-1的规定确定最不利的作用效应组合。承载力验算应采用荷载基本组合，变形验算应采用荷载标准组合。

最不利的作用效应组合   表 3.1.2-1

模板结构类别	最不利的作用效应组合	
	计算承载力	变形验算
混凝土水平构件的底模及支架	$G_1 + G_2 + G_3 + Q_1$	$G_1 + G_2 + G_3$
高大模板支架	$G_1 + G_2 + G_3 + Q_1$	$G_1 + G_2 + G_3$
	$G_1 + G_2 + G_3 + Q_2$	
混凝土竖向构件或水平构件的侧面模板及支架	$G_4 + Q_3$	G_4

注：1. 对于高大模板支架，表中（$G_1 + G_2 + G_3 + Q_2$）的组合用于模板支架的抗倾覆验算；

    2. 混凝土竖向构件或水平构件的侧面模板及支架的承载力计算效应组合中的风荷载 Q_3 只用于模板位于风速大和离地高度大的场合；

    3. 表中的"＋"仅表示各项荷载参与组合，而不表示代数相加。

3.1.3 模板及支架设计的要求

模板及支架结构构造设计应规格、尺寸准确，便于组装和支拆；同时结合工程特点对其承载力、强度、刚度进行可靠计算，确保其牢固稳定，满足安全和施工使用要求。

（1）模板及支架结构构件应按短暂设计状况下的承载能力极限状态进行设计，并应符合下式要求：

$$\gamma_0 S \leqslant \gamma_R R$$

式中：γ_0——结构重要性系数。对重要的模板及支架宜取 $\gamma_0 \geqslant 1.0$；对于一般的模板及支架应取 $\gamma_0 \geqslant 0.9$；

  S——荷载基本组合的效应设计值，可按第（2）条给出的公式进行计算；

  R——模板及支架结构构件的承载力设计值，应按国家现行有关标准计算；

  γ_R——承载力设计值调整系数，应根据模板及支架重复使用情况取用，不应大于 1.0。

（2）模板及支架的荷载基本组合的效应设计值（S），可按下式计算：

$$S_d = 1.35 \sum_{i \geqslant 1} S_{Gik} + 1.4 \psi_{cj} \sum_{j \geqslant 1} S_{Qjk}$$

式中：S_{Gik}——第 i 个永久荷载标准值产生的荷载效应值；

  S_{Qjk}——第 j 个可变荷载标准值产生的荷载效应值；

  ψ_{cj}——系数，宜取 $\psi_{cj} \geqslant 0.9$。

（3）模板及支架的变形验算应符合下列要求：

$$a_{fk} \leqslant a_{f,lim}$$

式中：a_{fk}——采用荷载标准组合计算的构件变形值；

  $a_{f,lim}$——变形限值，应按第（4）条的规定确定。

（4）模板及支架的变形限值应符合下列规定：

① 对结构表面外露的模板，挠度不得大于模板构件计算跨度的 1/400；

② 对结构表面隐蔽的模板，挠度不得大于模板构件计算跨度的 1/250；

③ 清水混凝土模板，挠度应满足设计要求；

④ 支架的轴向压缩变形值或侧向弹性挠度值不得大于计算高度或计算跨度的 1/1000

（5）模板支架的高宽比不宜大于 3；当高宽比大于 3 时，应增设稳定性措施，并应进行支架的抗倾覆验算：

$$\gamma_0 k M_{sk} \leqslant M_{Rk}$$

式中：γ_0——结构重要性系数；

  k——模板及支架的抗倾覆安全系数，不应小于 1.4；

  M_{sk}——按最不利工况下倾覆荷载标准组合计算的倾覆力矩标准值；

  M_{RK}——按最不利工况下抗倾覆荷载标准组合计算的抗倾覆力矩标准值；其中永久荷载标准值和可变荷载标准值的组合系数取 1.0。

（6）模板支架结构钢构件的长细比不应超过表 3.1.3-1 规定的容许值。

模板支架结构钢构件容许长细比	表 3.1.3-1

构件类别	容许长细比
受压构件的支架立柱及桁架	180
受压构件的斜撑、剪刀撑	200
受拉构件的钢杆件	350

（7）支承于地基土上及混凝土结构构件上的模板支架，应按现行国家标准对地基土和混凝土结构构件进行验算。

（8）对于多层楼板连续支模情况，应计入荷载在多层楼板间传递的效应，宜分别验算最不利工况下的支架和楼板结构的承载力。

（9）新模板使用前，应检查验收和试组装，并按其规格、类型编号和注明标识。

（10）采用毛面混凝土模板，内衬网格布、铁丝（钢板）网，应与内模固定牢固，既便于拆模或揭除，又要防止振捣移位、滑落。

（11）注意加强对阴阳角、模板接缝、梁墙节点、梁柱节点、梁板节点、楼梯间模板、门窗洞口模板等节点部位模板的加工、拼装，封闭型模板宜加排气孔。

3.2 模板的选型

模板的选型是关系到混凝土外观质量的关键因素之一，因此应综合考虑工程的结构形式、特点、层高变化和经济投入等诸多因素来进行模板的配板和设计。力求资金投入合理的同时，兼顾后续工程适用性。选型时除传统应用的竹、木胶合板，建筑钢模板外，也可根据工程实际情况，选用塑料模板、铝合金模板等新型模板。

3.2.1 竹、木胶合板

竹胶合板是利用竹材加工余料经过高温高压、热固胶合等工艺层压而成的模板。木胶合板是按相邻层木纹方向互相垂直组坯胶合而成的人造板材，通常其表板和内层板对称地配置在中心层或板芯的两侧。竹、木胶合板均是国内施工中较为常见的模板。见图3.2.1-1、图3.2.1-2。

图 3.2.1-1 竹胶合模板　　　　　图 3.2.1-2 木胶合模板

3.2.2 建筑钢模板

建筑钢模板通常由 Q235 钢材为主材制作而成，按钢模板的用途，常见分类有：高速铁路梁体钢模板，高速铁路墩柱钢模板，公路桥梁模板，港工航运钢模板，水利水电钢模板和建筑钢模；施工中也常常按钢模板的尺寸来分类：大钢模板（图 3.2.2-1）、中型钢模板及小钢模板等。

图 3.2.2-1　大钢模板

3.2.3　塑料模板

塑料模板在我国经历了三十多年的发展，塑料模板的品种、规格也越来越多，如常见的增强塑料板（FRTP 塑料模板）（图 3.2.3-1）、工程塑料大模板（图 3.2.3-2）、GMT 塑料模板（图 3.2.3-3）及中空塑料模板（图 3.2.3-4）。但塑料模板仍处于不断开发和发展的阶段，目前国家大力提倡绿色环保、节能施工，塑料模板的应用还有很大提升的空间。

图 3.2.3-1　FRTP 塑料模板　　　　　图 3.2.3-2　工程塑料大模板

图 3.2.3-3　GMT 塑料模板　　　　　图 3.2.3-4　中空塑料模板

3.2.4 铝合金模板

铝合金模板是目前新型模板的一种，在经历了木模板、钢模板、塑料模板之后的第四代模板。由于铝合金模板具有重量轻、刚度高、精度高、周转次数多、成型效果好等优点，目前在国内正在逐步取代木模板、钢模板和塑料模板。见图 3.2.4-1～图 3.2.4-3。

图 3.2.4-1　铝合金模板早拆效果（一）　　　图 3.2.4-2　铝合金模板早拆效果（二）

图 3.2.4-3　铝合金模板

3.3　模板的支撑

模板支撑体系是梁板模板设计中重要的环节，安全合理、经济可靠是设计的基本原则。模板支撑体系必须经过计算，特别是高大模板方案必须经过专家论证，论证通过且手续齐全后，方可开始施工。

模板及其支架应根据工程结构形式、荷载大小、地基土类别、施工设备和材料供应等条件进行设计；并具有足够的承载能力、刚度和稳定性，能可靠地承受浇筑混凝土的重量、侧压力以及施工荷载。选用合理的模板支撑体系，既能保证施工质量、加快施工进度，又能保障施工安全、增加经济效益；目前国内常用的模板支撑体系以扣件式和碗扣式脚手架体系为主；而以盘扣式脚手架支撑体系为代表的新型支撑体系也在逐渐兴起。

模板支撑体系还要应注意季节性施工特点，雨期应有排水和防基土沉陷措施，冬期应有防基土冻胀和融陷措施。

3.3.1 扣件式钢管支撑体系

国内常用的扣件式钢管脚手架采用钢（或铸铁）制作，其基本工作体系由脚手架管、U形托（底座）及扣件组成。其主要特点为脚手架管采用扣件连接，扣件分为直角扣件、旋转扣件和对接扣件三种。扣件式钢管脚手架体系各种性能都比较优越，如抗断性、抗滑性、抗变形、抗脱、抗锈等。

图 3.3.1-1　扣件式脚手架

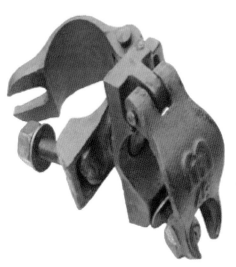
图 3.3.1-2　连接扣件（旋转型）

图 3.3.1-3　碗扣式脚手架体系

3.3.2 碗扣式钢管支撑体系

碗扣式脚手架是一种承插式钢管脚手架，其基本工作系统由碗扣脚手架管、碗扣接头、U形拖（底座）组成。碗扣脚手架具有拼拆迅速、省力，结构稳定可靠，通用性强，承载力大等特点。优点明显，缺点主要是横杆为几种尺寸的定型杆，立杆上碗扣节点按0.6m间距设置，使构架尺寸受到限制，且扣件容易丢失。

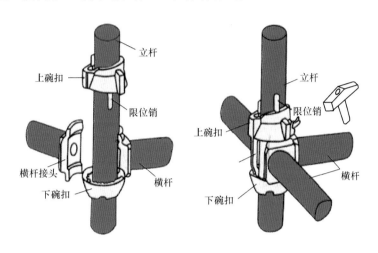

图 3.3.2-1　碗扣式脚手架支撑连接

3.3.3 盘扣式钢管支撑体系

盘扣式钢管模板支撑架作为一种新型结构体系，以立杆部件为基础配置圆盘，每个圆盘上设置有 8 个孔，以便连接其他部件，形成结构牢固稳定、高度灵活的多功能支撑架。

盘扣式支架具有承载力大、稳定性好、零部件安装便捷、安全性好、耐久性好，可适应变化复杂的截面以及可适用吊车整体吊装的特点，在工程中应用不但可以节约成本，还可以加快使用进度、节约木材，可以取得良好的经济效益和社会效益。

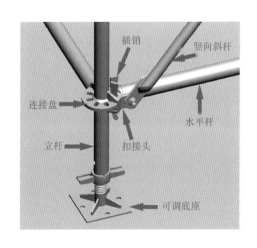

图 3.3.3-1　盘扣式脚手架连接图

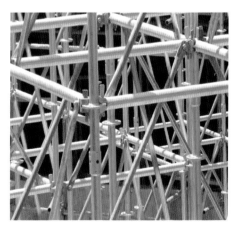

图 3.3.3-2　盘扣式脚手架

4 制 作 与 安 装

4.1 基础模板

4.1.1 底板导墙模板

基础底板施工时应设防水导墙，导墙一般高出底板上皮 300mm，导墙与底板一起浇筑。底板外侧模板采用防水保护墙砖胎模，为保证砖胎模的稳定，应将肥槽回填或另加支撑加固。

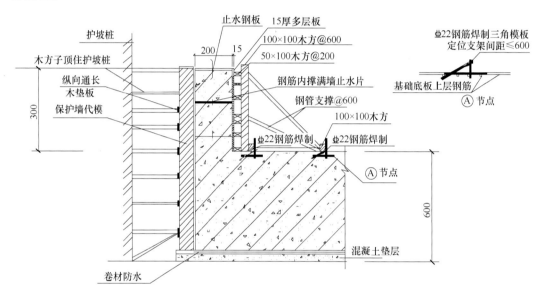

图 4.1.1-1 导墙模板支设样例图（外侧支撑加固）（mm）

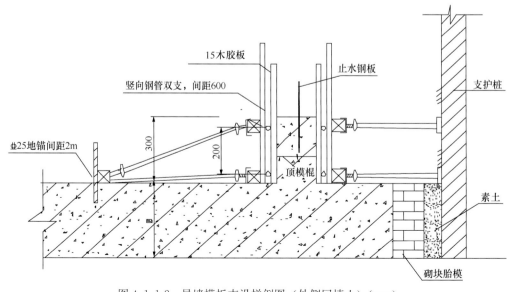

图 4.1.1-2 导墙模板支设样例图（外侧回填土）（mm）

图 4.1.1-3　导墙模板支设图

4.1.2　底板上反梁模板

基础反梁多采用小钢模组拼，采用钢管加固，反梁可和基础底板一次浇筑，也可分两次浇筑，梁高大于 600mm 时梁中加设穿梁螺栓和三角支撑。

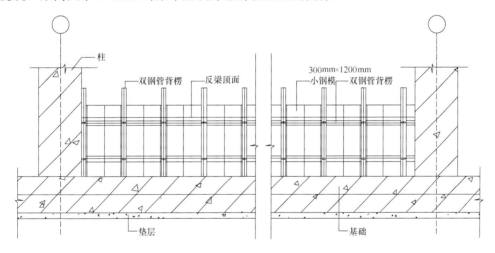

图 4.1.2-1　上反梁模板样例立面图

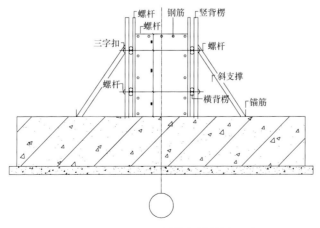

图 4.1.2-2　上反梁模板样例剖面图

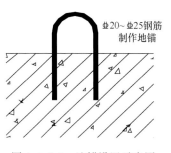

图 4.1.2-3　地锚设置示意图　　　　　图 4.1.2-4　上反梁模板支设效果图

4.1.3　基础地梁模板

基础地梁模板在浇筑完混凝土后一般无法拆除，目前常用的支模方式有：砖胎模、水泥板模板等。

1）基础地梁砖模板：砖胎膜的墙厚度跟梁高度、承台的深度有关，一般深度不大的，周边都填土的，采用120mm；若是地梁高度大，承台深度深的，则要采用240mm砖胎膜。

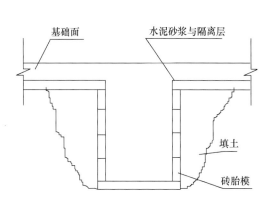

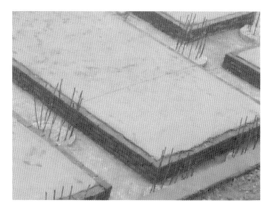

图 4.1.3-1　砖胎膜模板支设图　　　　　图 4.1.3-2　砖胎膜模板图

图 4.1.3-3　砖胎膜模板图（抹灰成型）　　图 4.1.3-4　砖胎膜模板图（最终效果）

2）水泥板模板：水泥板主要采用硫铝酸盐水泥制成，内掺水泥重量 25％的木质纤维，并且双面加耐碱玻纤布增强，具有良好的可加工性、较高的强度、韧性、不透水性及抗冻性能。使用起来可锯、可钉，灵活、方便。水泥板以木方作为临时固定支撑，用钉子连接固定，用铁丝与土内木桩拉紧，浇筑防水板垫层时，将铁丝浇筑在内，提高水泥板与防水板垫层之间的整体连接，当其形成整体后可拆除卡固在水泥板上端、带有双面"L"形坡口的木方支撑，通过土侧压力抵消混凝土浇筑时候产生的侧压力，达到保证混凝土成型目的。

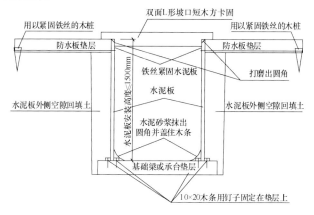

图 4.1.3-5　水泥板模板支设图　　　　图 4.1.3-6　水泥板模板图

图 4.1.3-7　水泥板模板阴角处理　　　图 4.1.3-8　水泥板模板阳角处理

图 4.1.3-9　水泥板模板成型效果　　　图 4.1.3-10　水泥板模板成型效果

4.1.4 底板梁腋模板

梁腋处模板采用木模或钢模加工，和地梁模板组合使用，当地梁模板采用小钢模时，重点控制二者接缝，另外加腋处模板必须支设牢固，施工中此部位极易漏浆、跑模。

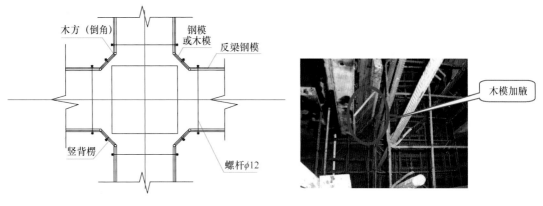

图 4.1.4-1 梁腋模板支设图   图 4.1.4-2 梁腋模板支设

4.1.5 积水坑、电梯井模板

1）电梯井及集水坑模板多采用木模整拼，可在场外整拼好，由塔吊直接吊入坑内。集水坑模板应根据其混凝土浇筑时浮力的大小设置相应的抗浮措施。

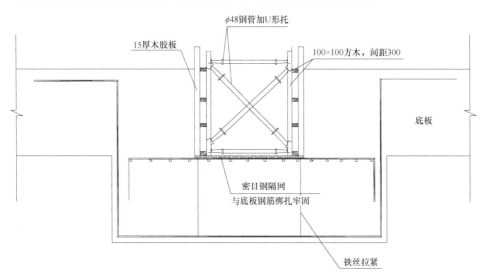

图 4.1.5-1 电梯井及集水坑模板支撑示意图（mm）

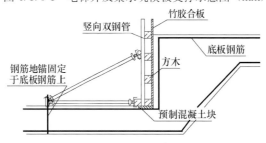

图 4.1.5-2 基础底板变标高处支模示意图

图 4.1.5-3　基础底板变标高处支模　　　　图 4.1.5-4　电梯坑、集水坑模板

　　　　　　　　　　　　　　　　　　　　　　　　支设图（木模板）

2）电梯井及集水坑模板也可以采用组合钢模支设，但集水坑尺寸多数不合模数，钢模尺寸不足时可采用木方调节补足，木方钻孔通过模板连接孔与两侧模板连接紧密。

图 4.1.5-5　电梯坑、集水坑模板支设图（组合钢模板）

4.1.6　独立柱基础模板

独立基础是各自分开的基础，或带有地梁连接。独立柱基础木模板可采用竹胶板或多层板，木方作背楞，钢管支撑加固。独立柱基础可采用组合钢模，采用钢管作背楞及支撑，宜采用硬拼，施工时注意控制模板拼缝应严密。

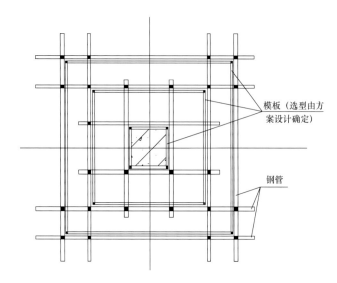

图 4.1.6-1 独立柱基础模板平面图

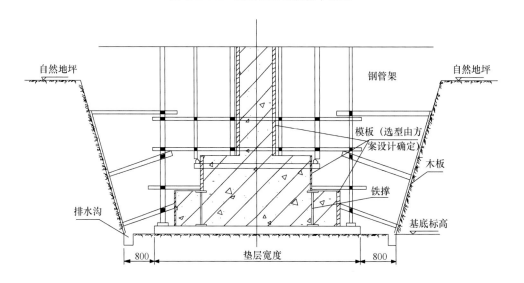

图 4.1.6-2 独立柱基础模板剖面图（mm）

图 4.1.6-3 独立柱基础模板支设效果图（一） 图 4.1.6-4 独立柱基础模板支设效果图（二）

4.1.7 条形基础模板

条形基础可采用木模板，也可采用小钢模，支模方式同基础地梁。

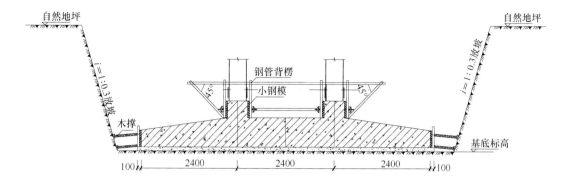

图 4.1.7-1 独立柱基础模板支设（mm）

图 4.1.7-2 独立柱基础模板支设

4.2 墙体模板

墙体模板可优先选用全钢大模板体系（86 体系）、木模板体系，地下室墙体也可选用组合钢模板和塑料组合模板（重量轻，搬运省时省力）。全钢大模板能够整拼整拆，施工效率高，周转次数高，接缝少，而且混凝土平整度和观感质量好，适用于混凝土墙面不抹灰的工程。大模板的配置应考虑施工流水段的划分和施工流水方向、塔吊吊次和最大吊重等因素。可根据工程的结构形式、施工周期等因素进行综合测算比较，选择购买或者租赁。对于清水混凝土等外观质量要求非常高的项目，可选用维萨板或其他高品质胶合板的钢框木模体系。随着我国超高层建筑的不断发展，铝合金组合模板的应用也越来越广泛。

4.2.1 地下室外墙模板

（1）木模板

地下外墙木模板采用多层板或竹胶板加木方或钢管拼装，根据墙高在场外拼装，直接吊入现场，采用钢管斜支撑加固。模板尺寸大小经过计算确定，考虑塔吊吊运能力。

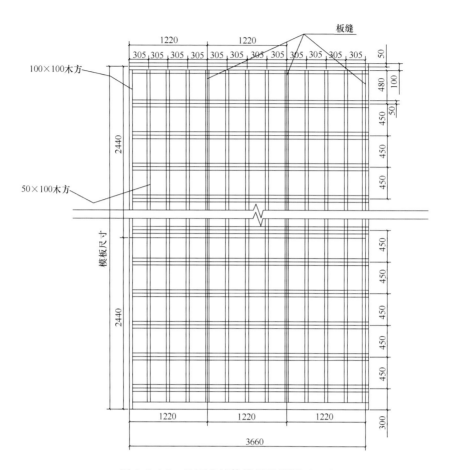

图 4.2.1-1　地下室墙体模板配模图（mm）

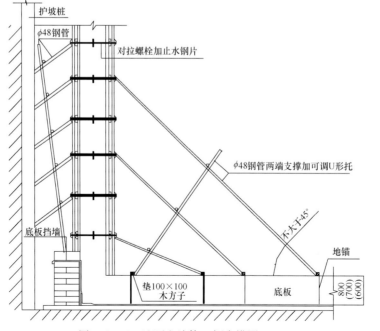

图 4.2.1-2　地下室墙体双侧支模图（mm）

图 4.2.1-3　预拼装木模板　　　　　　图 4.2.1-4　外墙模板支设效果图

（2）钢制大模板

地下室外墙采用钢制定型模板，采用配套支腿进行支撑加固，外墙外侧采用不带支腿的钢模板，外侧模板通过对拉螺栓进行加固。

（3）组合钢模板

地下外墙因层高变化较多，墙体模板无法进行周转使用时，采用小钢模组拼较经济。采用钢管作背楞和斜撑进行加固，钢管背楞和斜撑的间距经过计算确定。

组装模板时，要使两侧穿孔的模板对称放置，确保孔洞对准，以便穿墙螺栓与墙模保持垂直。相邻模板边肋用 U 形卡连接的间距不得大于 300mm，预组拼模板连接缝处每一个边孔均宜用 U 形卡连接。

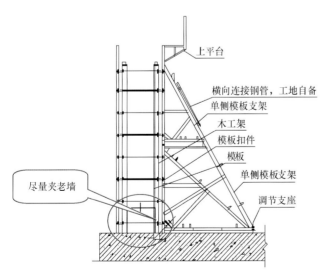

图 4.2.1-5　地下室外墙模板支设示意图　　　图 4.2.1-6　地下室外墙模板支设

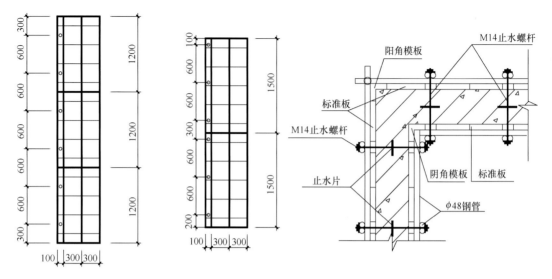

图 4.2.1-7　墙体钢模板（mm）

图 4.2.1-8　墙体组合钢模板维护

图 4.2.1-9　墙体组合钢模板支设效果图

施工中经常遇到现场场地狭小，肥槽过小或无肥槽，无法在外侧支模，此时地下外墙外侧采用直立护坡作模板，内侧采用木模或钢模进行单侧支模，采用满堂架作支撑，当有其他室内墙相距较近时，可加设水平支撑，以节省材料和劳力。

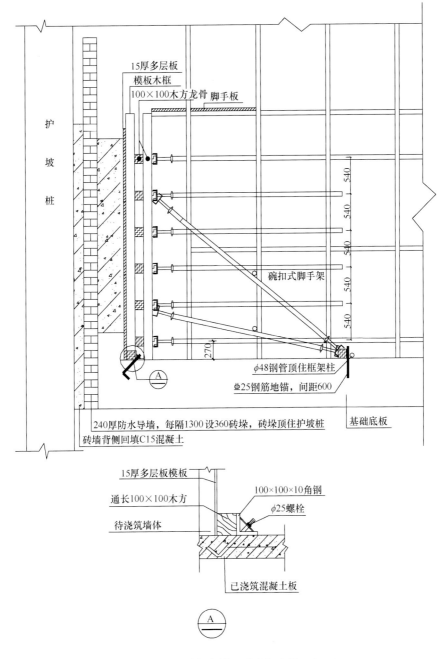

图 4.2.1-10　单侧支模（满堂架支撑）（mm）

　　当施工场地狭窄，地下室外墙采用双侧支模困难的情况下，采用桁架式单侧支模技术时，模板无需再拉穿墙螺栓。

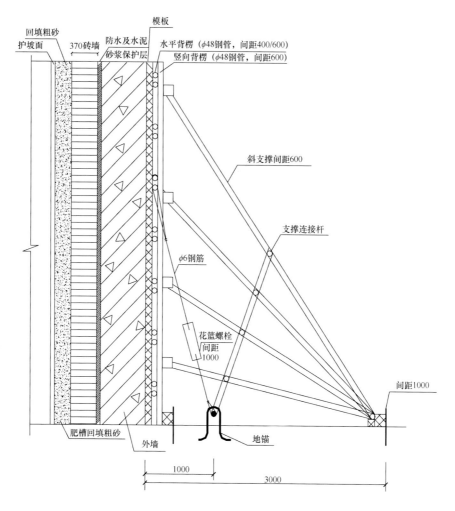

图 4.2.1-11　单侧支模示意图（拉、顶式）（mm）

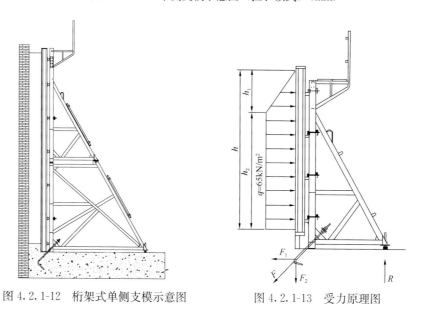

图 4.2.1-12　桁架式单侧支模示意图　　　图 4.2.1-13　受力原理图

桁架式单侧支架通过 45°的高强受力螺栓，一侧与地脚螺栓连接，一侧斜拉住单侧模板支架。

图 4.2.1-14　现场效果图

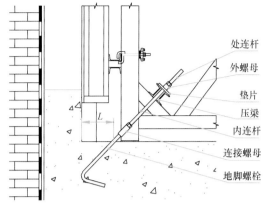

处连杆
外螺母
垫片
压梁
内连杆
连接螺母
地脚螺栓

图 4.2.1-15　桁架式单侧支架通过 45°的
高强受力螺栓详图

图 4.2.1-16　桁架式单侧支架通过 45°的高强受力螺栓效果图

（4）止水螺栓

普通止水螺栓：地下室外墙对拉螺栓必须加设止水片，一般为厚度 3mm～5mm，环边宽度不小于 30mm 的正方形铁片；即一般止水片边长≥（止水螺杆直径＋30×2)mm。

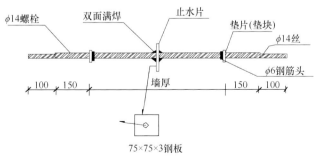

φ14螺栓　双面满焊　止水片　垫片(垫块)
φ14丝
φ6钢筋头
100　150　墙厚　150　100
75×75×3钢板

图 4.2.1-17　地下室外墙止水螺杆详图（mm）

图 4.2.1-18　地下室外墙止水螺
杆安装示意图

分节式止水螺栓：为提高止水螺栓周转率，地下外墙穿墙螺栓可采用配套分节式止水螺栓，中间止水环为 3.0mm 厚，边长 70mm 的正方形铁片，为避免产生变形，螺栓两侧加设龙骨，减少模板变形。

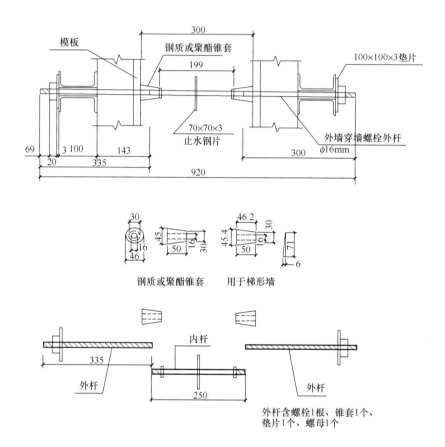

图 4.2.1-19　分节式止水螺栓详图（mm）

图 4.2.1-20　分节式止水螺栓样品

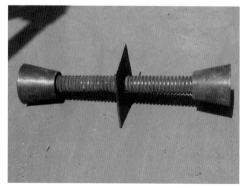

图 4.2.1-21　分节式止水螺栓样品拆分

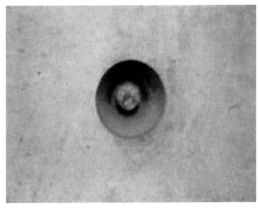

图 4.2.1-22　螺栓孔效果图（一）　　　　图 4.2.1-23　螺栓孔效果图（二）

4.2.2　地下室内墙及地上墙体模板

（1）钢制大模板

剪力墙结构墙体模板采用定型大钢模板较为合理，能够整拼整拆，周转次数高，接缝少，且混凝土效果好。墙体大钢模一般采用 6mm 厚钢板，竖龙骨采用 8 号槽钢，间距≤300mm，主龙骨采用成对 10 号槽钢，穿墙螺栓间距≤1200mm。

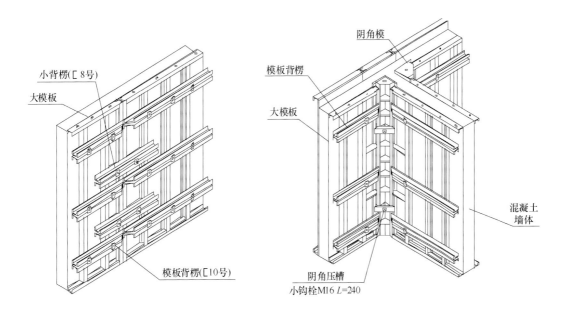

图 4.2.2-1　全钢大模板构造示意图

1）模板高度设计：

模板高度宜为楼层净高＋（30mm～50mm），即：模板高度＝层高－最薄顶板厚度（或梁高）＋（30mm～50mm）。待混凝土结构混凝土施工完后，及时剔凿软弱层和松动石子。

图 4.2.2-2　大钢模安装效果

图 4.2.2-3　大钢模堆放

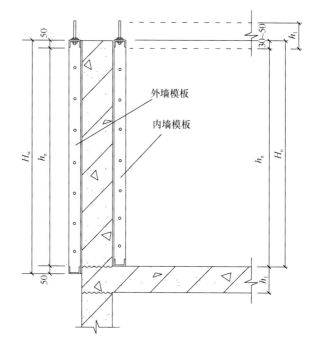
图 4.2.2-4　内外墙（柱）模板高度设计示意图（mm）

H_n—内墙（柱）模板配板设计高度；h_1—楼板厚度；

H_w—外墙（柱）模板配板设计高度；h_n—内墙（柱）高度

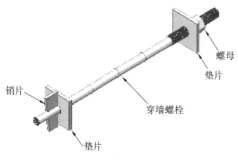
图 4.2.2-5　穿墙螺栓示意图

2）穿墙螺栓

大模板穿墙螺栓采用楔形，大头 $\phi32mm$，小头 $\phi28mm$。大头在内，小头在外，穿墙螺栓与大模板间设胶套以防止混凝土浇筑时从穿墙孔漏出水泥浆。

3）大钢模连接

全钢大钢模之间留有子母口，用 M16 的螺栓和直芯带固定。

4）大钢模 Y 形子母口

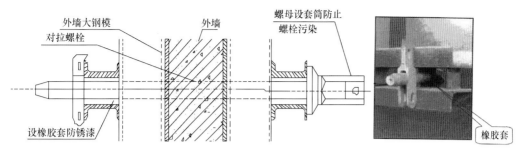

图 4.2.2-6 大模板穿墙螺栓

图 4.2.2-7 穿墙螺栓加
橡胶套防止漏浆

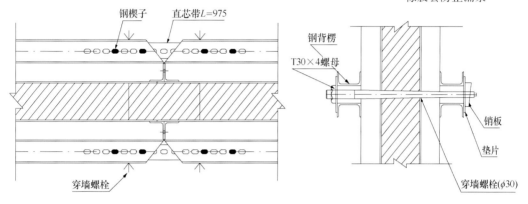

图 4.2.2-8 大钢模直芯带固定连接（俯视图）

图 4.2.2-9 穿墙螺栓固定剖面图

为更有效防止模板接缝处的漏浆通病，子母口可采用 Y 形，在模板边加设 Y 形板，其中设置圆柱形泡沫棒，模板硬拼接缝与止水泡沫棒双重控制大墙面的接缝严密，保证不漏浆。连接固定采用专用螺栓和加设的横肋用钩头螺栓连接。

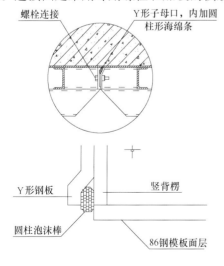

图 4.2.2-10 大钢模子母口

图 4.2.2-11 大钢模子母口

5）大钢模角模

大钢模的角模要和大钢模配套，能保证阴阳角顺直，接缝平整、严密，不漏浆。大钢模之间、大钢模与阴阳角模板之间均留有子母口，母口尺寸为 20mm～25mm，子口尺寸为 30mm，一般用 M16 的螺栓和直芯带固定。阴角与大钢模之间用钩头螺栓连接，再用直芯带定位固定。

6）墙体阳角模板

① 阳角模（单边边长≥350mm，≤550mm 的阳角形式角模）与大模板同样采用子母口的方式，并用标准连接螺栓连接加固。阳角模横筋与上下边框均为匚8 号，保证角模的角度与刚度。

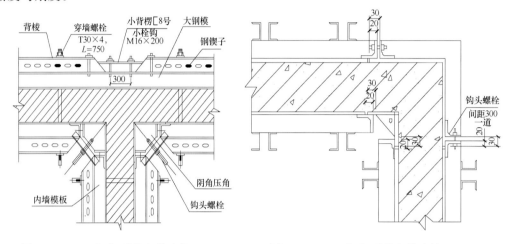

图 4.2.2-12 "T"形墙角模连接（mm）　　　图 4.2.2-13 "L"形墙角模连接（mm）

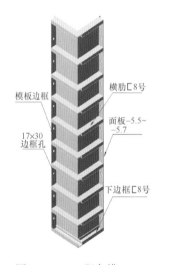

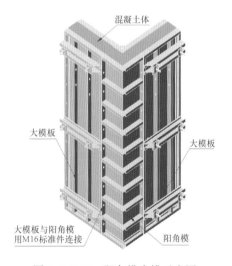

图 4.2.2-14 阳角模（mm）　　　图 4.2.2-15 阳角模支模示意图

② 为减少墙体接缝，阳角可不设置阳角模，采用大墙钢模板硬拼，在角部增加对拉螺栓拉接，模板接缝部位采用定型连接器和专用螺栓交错连接，保证模板的平整和方正。

7）墙体阴角模板

阴角模（单边边长≥150mm，≤300mm 的阴角形式角模）与大模板连接处采用子母口搭接的方法。阴角模子口为 30mm，且搭接处留 1mm～2mm 调节量，便于墙面平整不渗浆且便于拆模。阴角模向墙内倾斜，阴角模拉接器进行 45°拉结，阴角模与大模板利用钩头螺栓、阴角压槽与相邻两块大模板连接并利用相邻大模板母口加固。阴角模比大钢模高出10mm～15mm，上部设置撬孔，拆除时将撬杠插入撬孔进行拆除，防止角模被撬变形。

图 4.2.2-16　墙体角部模板加固（mm）

图 4.2.2-17　墙体角部模板加固

图 4.2.2-18　墙体模板拼接

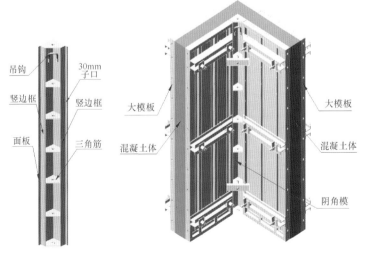

图 4.2.2-19　阴角
模示意图

图 4.2.2-20　阴角模支模示意图

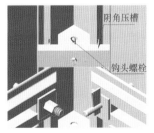

图 4.2.2-21　钩头螺栓、
阴角压槽节点图

设置撬孔，方便拆模

角模撬孔

图 4.2.2-22 阴角模板示意图

图 4.2.2-23 阴角模板

8）堵头板（封头板）

堵头板按子口堵板配置，面板为宽厚＋10mm，子口伸至大模板母口内直接封住墙体与两大模板面板。子口堵板（凸堵板或带翅膀堵板）与大模板母口边连接，并用标准件锁紧。

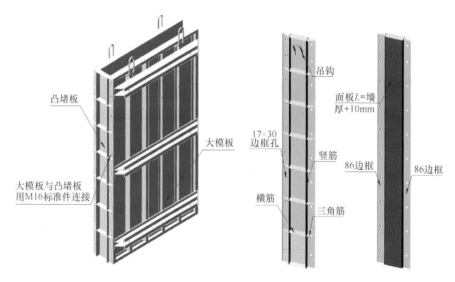

凸堵板

大模板

大模板与凸堵板用M16标准件连接

吊钩

面板L=墙厚+10mm

17×30边框孔

竖筋

86边框

86边框

横筋

三角筋

图 4.2.2-24 堵头板支模示意图

9）变形缝大钢模

变形缝模板一般采用聚苯板夹芯填充施工，但施工效果不是很好，而且费用较高。当变形缝宽度允许时，建议采用钢制大钢模施工。横肋和竖肋均为 80mm 槽钢在同一平面，卧焊于面板上，减小模板的宽度，保证大钢模的顺利入模。在穿墙螺栓位置将螺母焊接在横肋上，从变形缝外侧用对拉螺栓紧固拉接。对拉螺栓非传统的插入后再紧固，而采用旋进旋出的方法直接拧对拉螺栓进行紧固和拆除。

10）大钢模支腿

大钢模靠支腿支撑调节，通过支腿丝杠，调整大钢模的垂直度。

（2）木模板

1）墙体模板

木模板具有可整装、整拆、接缝少等特点，但刚度小，可连接性差，一般适用于非标

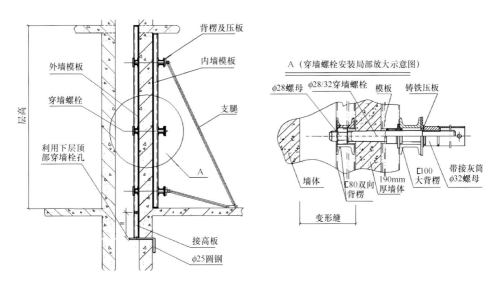

图 4.2.2-25 变形缝处大模板加固图

图 4.2.2-26 变形缝处大模板拆模

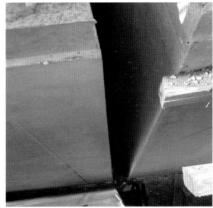

图 4.2.2-27 变形缝处拆模效果图

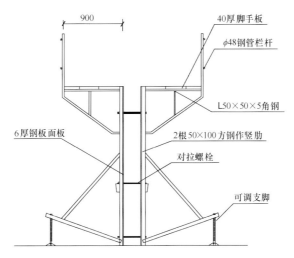

图 4.2.2-28 立面组装示意图（一）（mm）

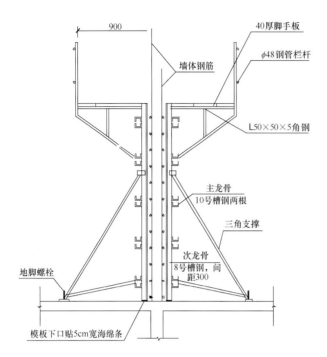

图 4.2.2-29　立面组装示意图（二）（mm）　　　图 4.2.2-30　外墙大模板支腿设置效果图

准层或异形部位施工。厚度一般为 18mm，采用 M14 或 M16 对拉螺栓固定，采用钢管架进行支撑。

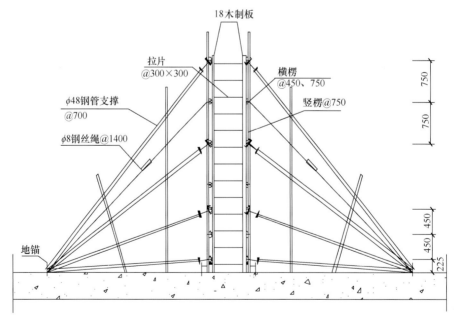

图 4.2.2-31　木模板加固示意图（mm）

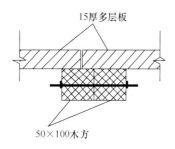

图 4.2.2-32 模板拼缝（mm）

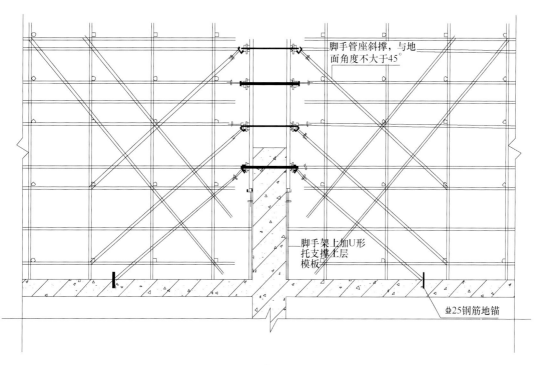

图 4.2.2-33 墙体二次支模示意图

图 4.2.2-34 墙体模板预拼装

图 4.2.2-35 弧形墙体模板现场支设

图 4.2.2-36　墙体层间接茬模板支设　　　　图 4.2.2-37　墙体木模板现场支设图

图 4.2.2-38　墙体木模板现场支设图

2）阴阳角部位墙体模板

① 所有墙体模板都可分为墙体阳角、阴角、端部这三种部位的模板设计。

② 在阳角及端部的模板设计中，模板的设计长度增加一个方木的高度＋胶合板的厚度，可以有效地控制模板的漏浆；并且在模板拆除时，主要撬外侧模板，模板可能有损伤，但不会对结构边角造成损坏；且模板边角损坏也不会影响模板的使用和加固，可以有效地提高模板的周转次数。

③ 模板拼缝处方木背楞的支撑方向和位置，一定要与模板受力变形的方向一致，如图 4.2.2-39 所示。

3）L 形墙体模板

① L 形墙体模板的设计为墙体阳角、阴角、端部模板设计的组合。

② 当 L 形墙一端的长度≤900mm 时，可采用 L 形短肢剪力墙加固的方式，在短肢墙内设置一根对拉螺杆，可有效地控制墙体截面和角部漏浆的现象。如图 4.2.2-40 所示。

③ 当墙体长度＞900mm 时，宜采用附加螺杆拉结的方式进行加固。如图 4.2.2-40 所示。

4）T 形墙体模板

① T 形墙体模板的设计为墙体阴角、端部模板设计的组合。

② 当 T 形墙的加固主要采用附加螺杆拉结的方式进行加固。如图 4.2.2-43 所示。

③ 当 T 形墙一端的长度≤900mm 时，也可采用 L 形短肢剪力墙加固的方式，在短肢墙内设置一根对拉螺杆，可有效地控制墙体截面和角部漏浆的现象。

5）一字形墙体模板

① 一字形墙体模板的设计为端部模板设计的组合。

② 一字形墙体的加固主要采用附加螺杆拉结的方式进行加固。如图 4.2.2-44 所示。

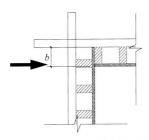

1.端部侧模板出墙端b,b＝模板厚度+背楞方木宽度。
2.模板拼缝处设置海绵条，避免漏浆。
3.注意侧边端部方木背楞受力位置，与端部模板在一条线上。

①墙体阳角模板配模设计

1.注意角部方木背楞受力方向，支撑于模板变形的方向。
2.模板拼缝处设置海绵条，避免漏浆。
3.主龙骨加固必须置于角部背楞之上。

②墙体阴角模板配模设计

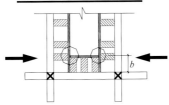

1.端部侧模板出墙端b,b＝模板厚度+背楞方木宽度。
2.注意侧边端部方木背楞受力位置，与端部模板在一条线上。
3.模板拼缝处设置海绵条，避免漏浆。

③墙体端部模板配模设计

阴角设置2根5cm×10cm方木或1根10cm×10cm方木,支撑于模板受力变形方向。如节点②

图 4.2.2-39　墙体阳角、阴角、端部模板设计

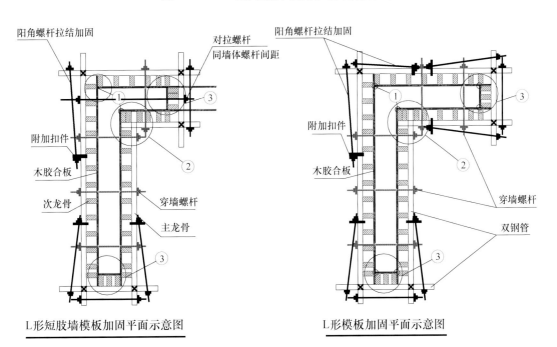

L形短肢墙模板加固平面示意图　　　L形模板加固平面示意图

图 4.2.2-40　L形墙体模板加固设计图

穿墙对
拉螺杆
加固

穿墙对
拉螺杆
加固

图 4.2.2-41　L形墙大阳角现场加固示意图　　图 4.2.2-42　短肢墙现场加固示意图

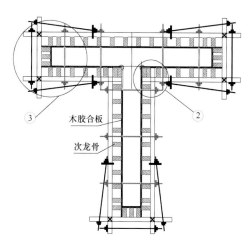

③　木胶合板　②
次龙骨

图 4.2.2-43　T形墙体模板加固设计

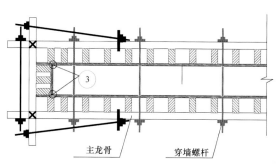

③

主龙骨　　穿墙螺杆

图 4.2.2-44　一字形墙体模板加固设计

6）模板拼缝

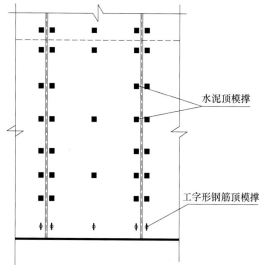

水泥顶模撑

工字形钢筋顶模撑

图 4.2.2-45　墙体模板拼缝设计示意图

①　每块胶合板与背楞相叠处至少钉2个钉子。第二块板的钉子要转向第一块模板方向斜钉，使拼缝严密。

②　配置好的模板应在反面编号，并写明规格，分别堆放保管，以免错用。

③　墙体底部的模板定位撑采用"工"字形钢筋定位撑与墙体钢筋固定；顶模撑的设置依照螺杆间距进行设置，但在模板拼缝处两侧，增设顶模撑，防止模板因螺杆加固过紧而变形。

7）模板清扫口留置

梁、柱、墙模板应留置清扫口，浇筑混凝土前应将模内清理干净，并浇水湿润，清扫口位置应正确，大小合适，开启方便，封闭牢固，浇筑混凝土时能承受混凝土的冲击力，不得漏浆或变形。

（3）组合钢模板

1）墙体组合模板

组合钢模板采用6015、6012等冷板模板进行拼装，在地下室楼层、开间、层高不规则，变化较多的情况下采用较多。一般全现浇钢筋混凝土剪力墙结构非标准层会采用组合钢模板施工。支设前必须整理平整方正，根据墙高、墙厚，经

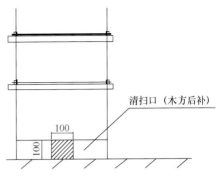

图4.2.2-46　模板清扫口留置（mm）

过墙体受力计算，做好排板图。采用组合钢模应加强对拼缝处漏浆和阴阳角处拼缝的处理。

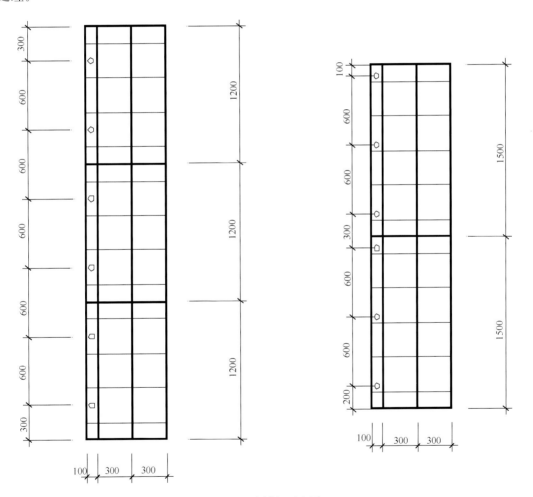

图4.2.2-47　组合模板示意图（mm）

2）弧形墙模板

弧形墙模板组拼使用胶合板模板或组合钢模板施工较方便，使用钢模板时，用宽度不

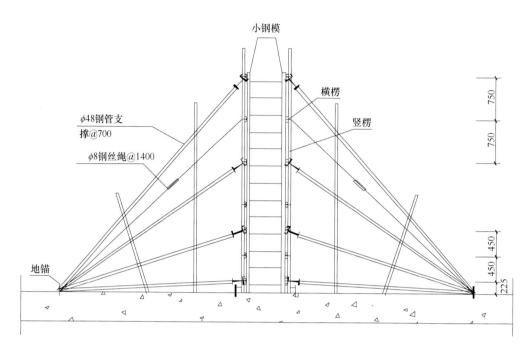

图 4.2.2-48　组合模板加固（mm）

超过 300mm 的钢模板，加固时可采用弯曲钢管或使用 $\phi25$ 的钢筋弯成弧形。背楞间距按照方案计算进行布置。

　　3）组合钢模板转角处模板

　　转角处钢模采用阳角模、阴角模、组合模、标准模进行组拼，重点控制角模与平模接缝。

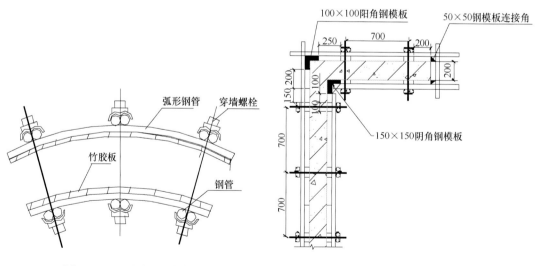

图 4.2.2-49　圆弧形墙模板　　　　　图 4.2.2-50　转角处模板设置示意图（mm）

　　4）组合钢模板丁字墙处模板

　　丁字墙处钢模采用阴角模、组合模、标准模进行组拼，重点控制角模与平模接缝。

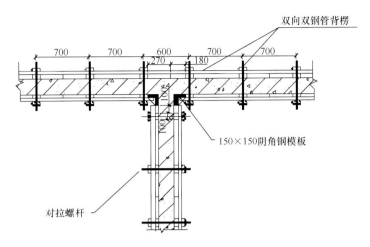

图 4.2.2-51　丁字墙处钢模板支设示意图（mm）

5）组合钢模板调节模板

当组合钢模板不合模数，钢模尺寸不足时可采用木方调节补足，木方三面刨光，高度同模板，钻孔通过模板连接孔与两侧模板连接紧密。

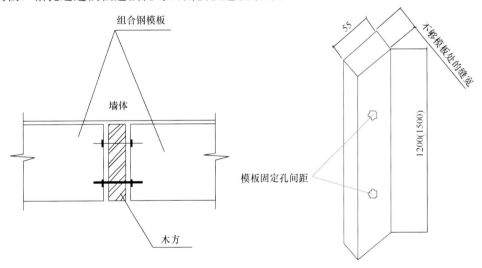

图 4.2.2-52　墙体模板不合模数时调节设计详图（mm）

4.2.3　墙体模板质量控制

（1）墙模的防漏浆措施

在顶板浇筑完毕收面时，将墙根200mm范围内用刮杠及木抹子抹平整，使平整度控制在3mm以内。在墙边线外2mm处贴30mm宽通长海绵条。外墙模板沿外墙混凝土面贴10mm宽海绵条。顶板、梁柱节点处防漏浆措施：顶板模板均采用硬拼接缝，采用手刨刨平，接缝宽度≤2mm。

图 4.2.2-53　调节模板加固效果图

梁柱节点施工时首先安装柱头模板，用柱头模板夹住梁底、梁帮模板，在接缝处用自粘海绵条防止漏浆。

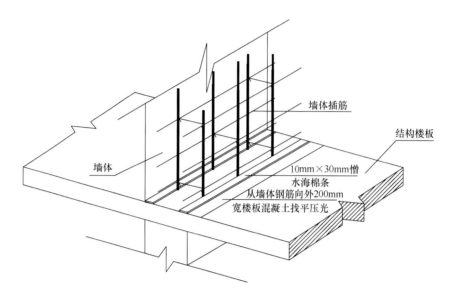

图 4.2.3-1　墙体模板部防漏措施设置立体图

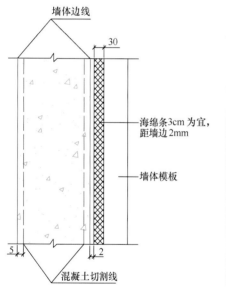

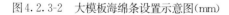

图 4.2.3-2　大模板海绵条设置示意图(mm)

图 4.2.3-3　墙根海绵条设置效果图

（2）墙体接茬模板

外墙、楼梯间、电梯间墙面上下水平接茬应平整严密，取消凹槽和导墙做法。为保证上下接缝平整、严密，模板支撑尽量利用下层墙体的穿墙螺栓，也可采用专制的小挑架，与墙体上排螺栓固定，牛腿上平放 100mm×100mm 木方，将木模板搁置在木方上，然后与外墙内模板连接。

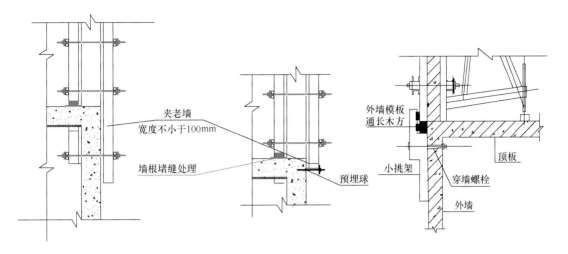

图 4.2.3-4　墙体接茬模板加固示意图（利用老墙螺栓孔、预埋螺栓、利用老墙加固）

图 4.2.3-5　楼梯间大模板接茬设置（一）

图 4.2.3-6　楼梯间大模板接茬设置（二）

（3）模板接茬防漏措施

大模板下部可加设塑料布和海绵条，防止漏浆和污染下层混凝土墙面。

图 4.2.3-7　楼梯间大模板接茬设置（三）

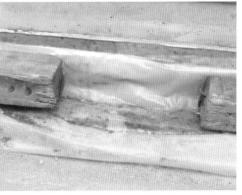

图 4.2.3-8　防漏设计，加设导流措施

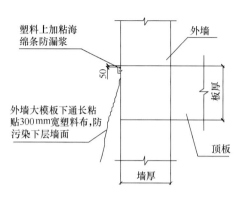

图 4.2.3-9　防漏设计示意图　　　　　　图 4.2.3-10　防漏设计，加设导流措施

（4）墙顶部防止变形不顺直模板设计

为防止墙体顶部的模板变形，造成墙体顶部不顺直，特别是影响外墙的模板接茬处理，在墙体顶部增设一根 50mm×100mm 水平方木，并于模板钉设牢固。

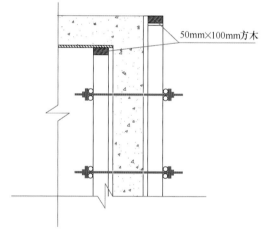

图 4.2.3-11　防漏设计，加设导流施工效果　　　图 4.2.3-12　墙体顶部防止模板变形
及不顺直措施

（5）阴阳角防止漏浆措施

为确保阴阳角顺直、接缝平整，不错台，木制大模板的阴阳角应进行预制，可在木制定型木模板的阴阳角包上镀锌铁皮，以提高墙体阴阳角的成型观感质量及木模板周转次数。

（6）模板上口限位措施

模板上口宜焊接 6mm×80mm×L 的钢筋保护层限位角钢，来控制钢筋保护层的厚度，外墙和内墙分别根据设计或规范的保护层厚度设置限位角钢伸出宽度。

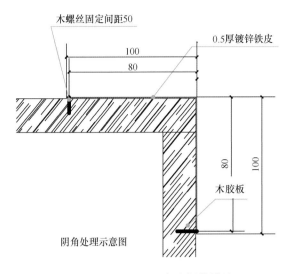

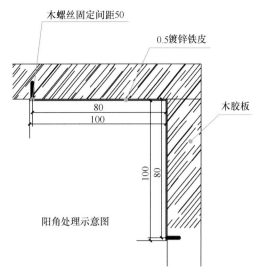

图 4.2.3-13　阴阳角防漏浆措施　　　图 4.2.3-14　阴阳角防漏浆措施
　　（包镀锌铁皮）（一）（mm）　　　　（包镀锌铁皮）（二）（mm）

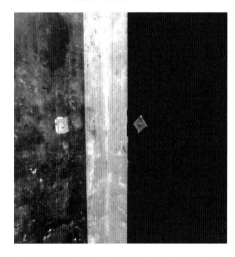

图 4.2.3-15　模板阴阳角包镀锌铁皮效果（一）　　图 4.2.3-16　模板阴阳角包镀锌铁皮效果（二）

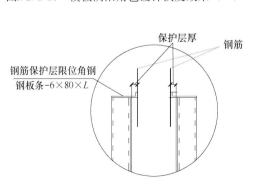

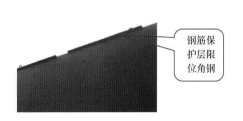

图 4.2.3-17　板上口防止钢筋　　　图 4.2.3-18　模板上口防止钢筋
　　向外偏移措施　　　　　　　向外偏移措施

4.2.4 模板紧固件

（1）步步紧

安装高度较小的过梁或预制构件时，可以采用一种紧固件，叫做步步紧。安装时轻轻搬动即可，随尺寸固定，外向受力越大越紧固，拆出时顺向轻轻敲击即可拆除。

图 4.2.4-1 顶板梁步步紧设置　　　　　图 4.2.4-2 地梁步步紧设置

（2）大模板安装固定索扣

为确保大模板使用期间的安全性，大模板应设置安装模板钢绞线固定索扣。索扣仅作为模板安装时临时固定的施工防护措施，严禁作为运输、吊装使用。应经常对索扣进行检查，防止断丝、螺丝松动。

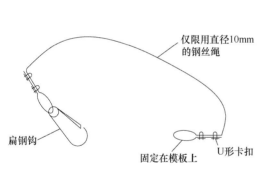 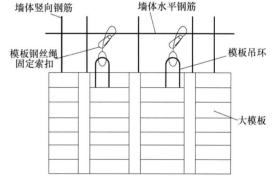

图 4.2.4-3 模板钢丝绳固定索扣示意图　　　　图 4.2.4-4 索扣固定钢筋示意图

4.3 框架柱模板

4.3.1 方（矩）形柱模

（1）可调钢制柱模

可调钢柱模由于无需加设背衬龙骨，故支设较木模方便，只需沿柱高加设斜向撑杆即可，一般只需加设上中下三道。施工中注意将位于柱内用于调节柱截面大小的螺栓眼堵严，在梁板浇筑时，沿柱外侧 300mm 内用钢抹子抹平，偏差不大于 3mm，用海绵条压条，防止漏浆。

（2）木制柱模板

模板选用厚覆膜胶合板（多层板）组拼，亦能取得较好的观感效果及经济效益。背楞可采用木方、钢管或槽钢。

（3）模穿柱螺栓

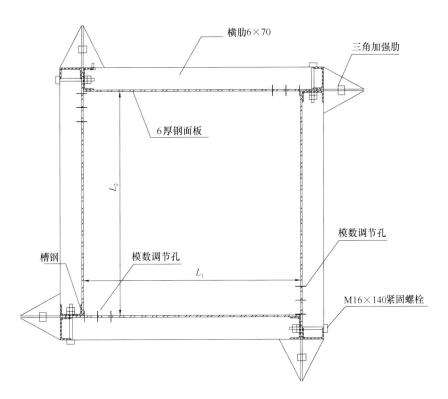

图 4.3.1-1 可调钢柱模大样图（mm）

图 4.3.1-2 可调钢柱模成品图

当柱子边长大于或等于 900mm 时，木模板应加设穿柱对拉螺栓，以保证柱截面尺寸。为避免漏浆，柱内加塑料套管，螺栓端头加设塑料堵头。

（4）柱根模板处理

墙根、柱根模板应平整、顺直、光洁，标高准确。为防止少量渗浆，应在模板底部加贴海绵条，海绵条宽度以≥30mm 为宜，粘贴海绵条距模板内边线 2mm，使其被模板压住后与模板内边线齐平，防止海绵条浇入混凝土内。不得用砂浆找平或用木条堵塞。

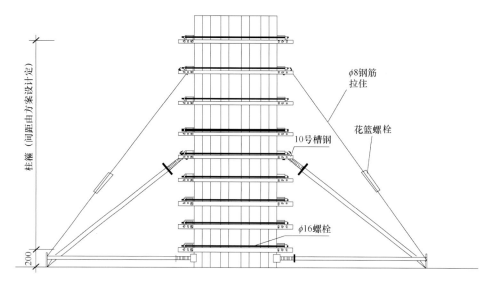

图 4.3.1-3　柱模板加固示意图

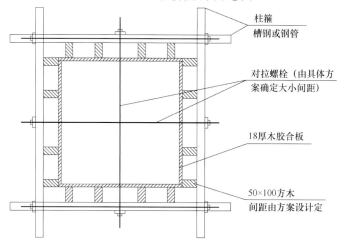

图 4.3.1-4　木制柱模板大样图（mm）

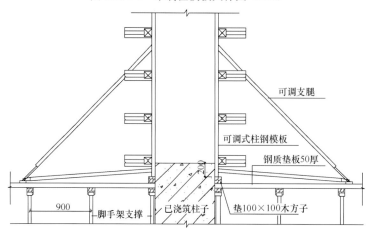

图 4.3.1-5　方柱柱模二次支设示意图（mm）

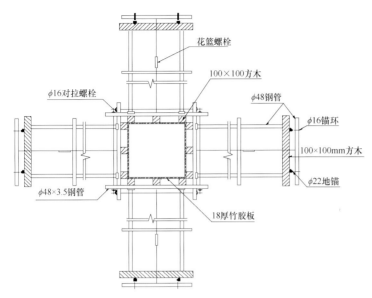

图 4.3.1-6 方柱模板加固平面图（mm）

图 4.3.1-7 方柱加固效果图

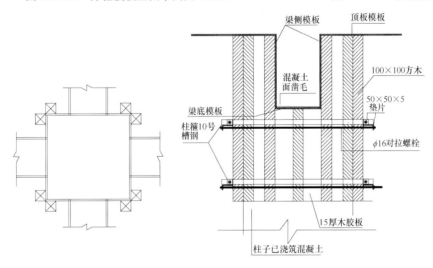

柱头模板平面图　　　　　　柱头模板立面图

图 4.3.1-8 方柱柱头模板拼装图（mm）

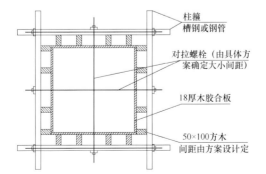

图 4.3.1-9 穿墙柱设置示意图（mm）

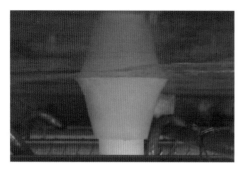

图 4.3.1-10 对拉螺栓堵头设置示意图

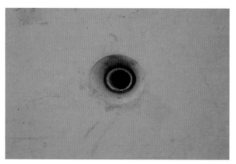

图 4.3.1-11 堵头拆除效果图

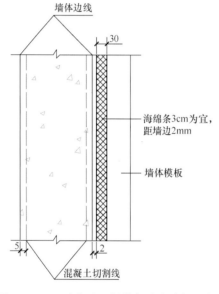

图 4.3.1-12 底板防止漏浆加设海绵条示意图

图 4.3.1-13 柱根模板加固效果图

4.3.2 圆（异）形柱模

（1）圆（异）形钢模板

随着建筑效果的不断丰富，建筑造型多样，混凝土结构柱也由规则的方柱、圆柱、椭圆柱等发展出各种异形柱。

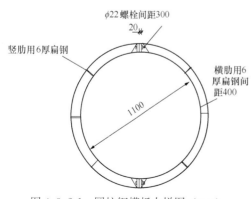

图 4.3.2-1 圆柱钢模板大样图（mm）

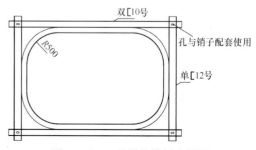

图 4.3.2-2 异形柱模板大样图

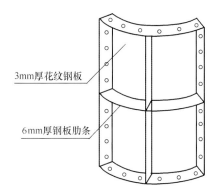

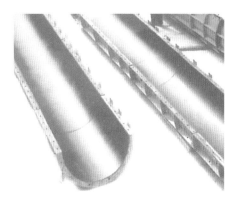

图 4.3.2-3　组合钢模板（一）　　　　　图 4.3.2-4　组合钢模板（二）

图 4.3.2-5　椭圆钢模板　　　　　图 4.3.2-6　椭圆柱钢模浇筑效果图

（2）圆（异）形木制柱模板

圆（异）形柱数量较少时，可采用木模组拼，内衬胶合板或塑料板、镀锌铁皮，外衬木方。圆柱模由于其形状限制，不能采取如同矩形柱一样的加固方式，应采用矩形多层板

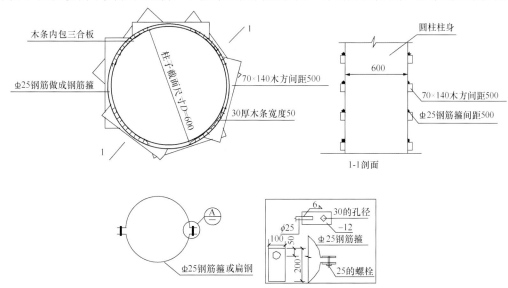

图 4.3.2-7　圆柱木制模板大样图（mm）

（竹胶板）作背衬龙骨，如此可保证受力均匀，多层板之间采用竖向木方连为整体，形成矩形外框架，以方便加设斜向支撑。

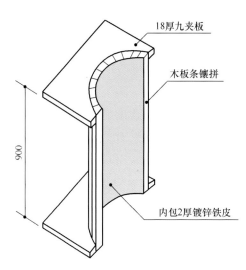

图 4.3.2-8　圆柱木制定型模板加工图（mm）　　图 4.3.2-9　圆柱木制定型模板加工

图 4.3.2-10　圆柱木制定型模板加工图

图 4.3.2-11　预加工木胶合板圆柱模板（一）

（3）圆柱玻璃钢模

圆形柱也可用玻璃钢模板，平板玻璃钢圆柱模板是采用不饱和聚醋树脂作为胶结材料，用玻璃纤维作为骨架逐层粘裹而成。平板玻璃钢圆柱模板无需再制作圆形胎具，施工时，一根圆柱只需一整张玻璃钢圆柱模板，按圆柱尺寸闭合模板，逐个拧紧接口螺栓即可，简便易行，且经济效益较好。

图 4.3.2-12　预加工木胶合板圆柱模板（二）

图 4.3.2-13　玻璃钢圆柱模板安装（一）　　图 4.3.2-14　玻璃钢圆柱模板安装（二）

 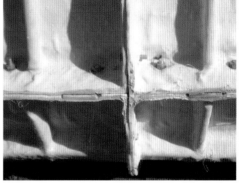

图 4.3.2-15　玻璃钢圆柱模板　　　　图 4.3.2-16　玻璃钢圆柱模板加固连接

4.3.3　柱帽模板安装示意图

当柱设有柱帽时，可采用模板进行拼装。

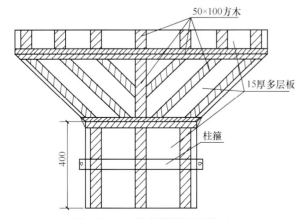 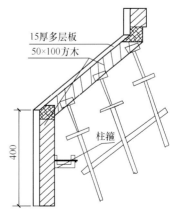

图 4.3.3-1　柱帽模板立面图（mm）　　图 4.3.3-2　柱帽模板剖面图（mm）

图 4.3.3-3　柱帽模板安装效果图

4.4　梁板模板

4.4.1　顶板模板

（1）顶板模板支设

顶板模板及支撑间距符合受力要求、支撑横纵成线、垫木规格统一、垫木摆放整齐顺直、边梁斜撑牢固稳定（防止梁胀模变形）。模板板厚及支撑间距均应通过计算确定。垫木宜为 5mm×10mm 木方，长度 400mm 以上。

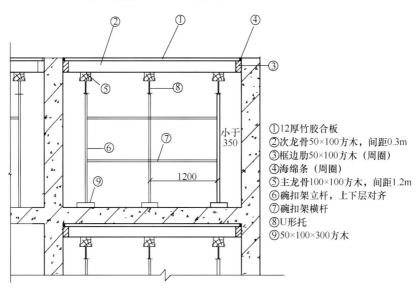

①12厚竹胶合板
②次龙骨50×100方木，间距0.3m
③框边肋50×100方木（周圈）
④海绵条（周圈）
⑤主龙骨100×100方木，间距1.2m
⑥碗扣架立杆，上下层对齐
⑦碗扣架横杆
⑧U形托
⑨50×100×300方木

图 4.4.1-1　普通楼板支模示意图（mm）

（2）顶板模板拼缝

顶板模板边均通过刨子刨平，用封边漆保护。拼缝采用"硬拼法"，确保模板拼缝严密不漏浆，保证接茬平整。

图 4.4.1-2　垫木设置示意图

木模板拼缝应采用硬拼，纵向接缝后均设置木方竖龙骨，横向接缝背后加固定木方。所有木模板裁边后应压边，用封边漆进行封边。

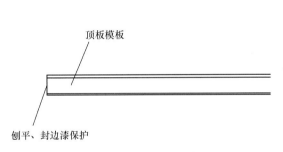

图 4.4.1-3　模板封边详图

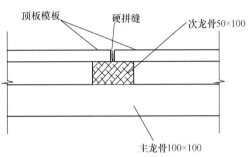

图 4.4.1-4　模板拼缝硬拼详图（mm）

图 4.4.1-5　模板封边刨平

图 4.4.1-6　模板封边

（3）顶板模板边缘加海绵条

在龙骨侧面无法粘贴海绵条时，为防止浇筑顶板混凝土阴角处漏浆，顶板侧模板靠墙处贴海绵条。

图 4.4.1-7 顶板模板硬拼缝效果

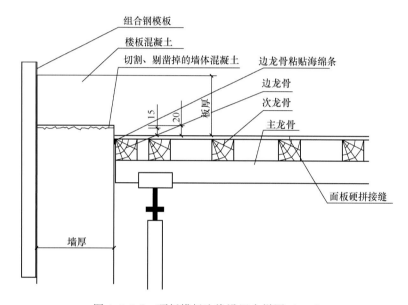

图 4.4.1-8 顶板模板边缘设置大样图（mm）

图 4.4.1-9 顶板边缘模板加海绵条

（4）顶板预留洞采用定型模具

顶板预留洞处应采用定型模具，预留洞孔模板加设对拉螺栓，加外力固定模板。定型模具一般采用铸铁材料制作，当工程较小或周转次数较少时，也可采用PVC塑料等轻质耐用的材料进行定型模具制作。

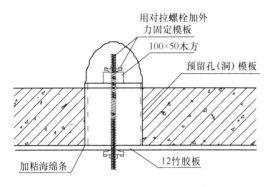

图 4.4.1-10　顶板预留洞模板设置详图（mm）

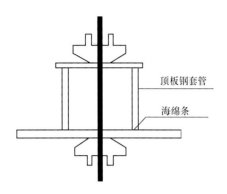

图 4.4.1-11　顶板预留洞模板加固详图

图 4.4.1-12　钢制预留洞钢模

图 4.4.1-13　预留洞钢模安装

图 4.4.1-14　PVC 套管安装

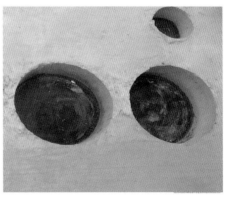

图 4.4.1-15　PVC 套管成型效果

（5）挑板端面模板

挑板端面外立面模板加设对拉螺栓，加外力固定模板。

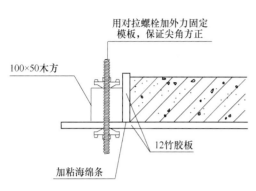

图 4.4.1-16　挑板端面立面模板设置
示意图(mm)

图 4.4.1-17　挑板端面模板拆除效果图

（6）顶板侧模

浇筑顶板时，顶板与外墙交接的地方采用挡模，挡模的固定利用外墙模板的第一道穿墙螺栓眼。

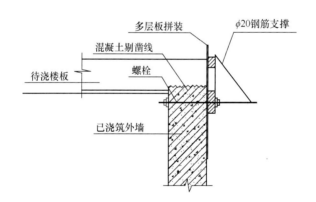

图 4.4.1-18　顶板端面模板设置示意图

（7）早拆支撑体系

早拆体系由平面模板、模板支架、早拆柱头、横梁和底座等组成。当楼板混凝土达到设计强度的 50%，拆除模板和横梁，保留支撑楼板的柱头和立柱，直到达到规范规定拆除强度时再拆除。主要有两种体系。

① 体系 1

钢框胶合板模板作面板，箱形钢梁作横梁，承插式支架作垂直支撑。

② 体系 2

螺杆式升降头为早拆柱头，钢模板或胶合板作面板，支架用扣件式钢管支架，横梁用钢管或方木，这种早拆体系可适用于各种模板作面板、支架和横梁都可利用现有的钢管。

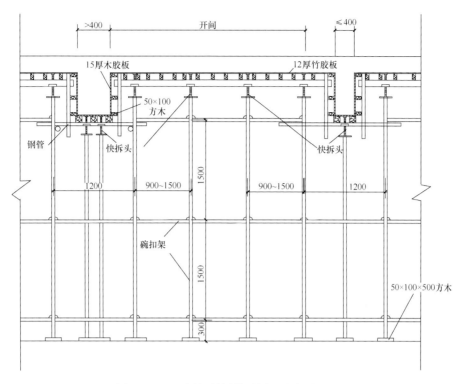

图 4.4.1-19　梁板早拆体系剖面示意图（mm）

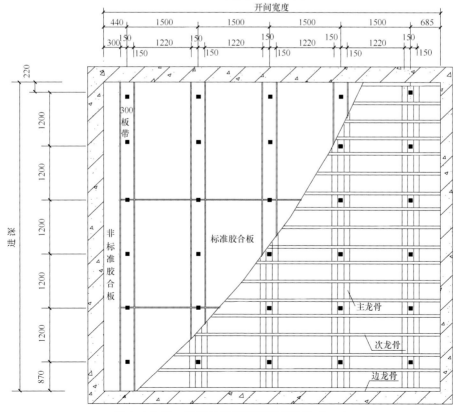

图 4.4.1-20　梁板早拆体系平面布置图（mm）

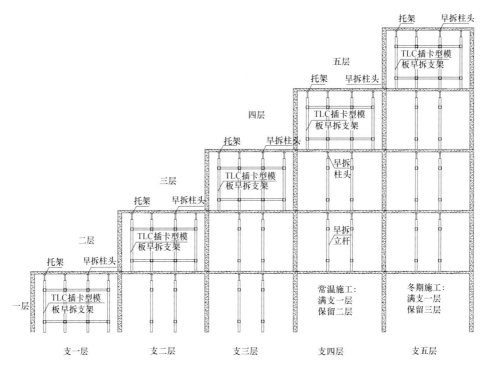

图 4.4.1-21 梁板早拆体系拆除流程示意图

图 4.4.1-22 早拆支撑带（一）

图 4.4.1-23 早拆支撑带（二）

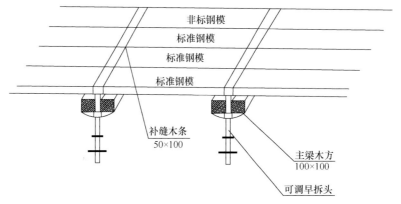

图 4.4.1-24 早拆体系 2

图 4.4.1-25　早拆回顶支撑

4.4.2　梁模板

（1）梁模板支设

梁模板应根据梁截面面积的大小不同，进行不同的梁模板设计。

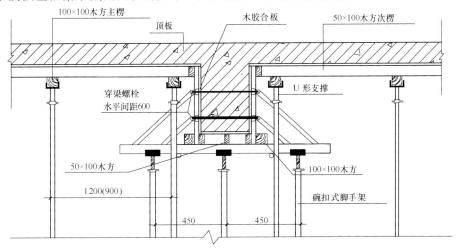

图 4.4.2-1　梁模板支设示意图（一）：斜向支撑（mm）

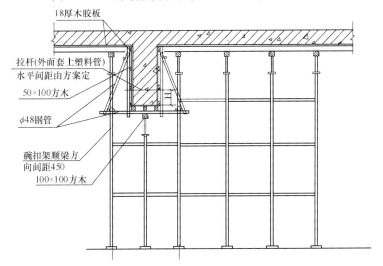

图 4.4.2-2　梁模板支设示意图（二）：斜向支撑（mm）

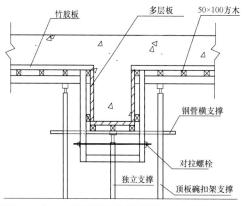

图 4.4.2-3 梁模板支设示意图(三):梁箍(mm)

图 4.4.2-4 梁箍效果图

（2）梁对拉螺杆

梁模板的面板及面板支撑应符合受力要求，且面板支撑应横纵成线、垫木规格统一；边梁斜撑需牢固稳定以防止梁胀模变形。当梁截面高度大于 600mm 时，应根据梁截面计算，增加对拉螺栓。

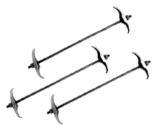

图 4.4.2-5 对拉螺栓实物图

图 4.4.2-6 梁侧增加对拉螺栓

4.4.3 梁柱节点模板

（1）梁柱节点模板 （一）

工艺说明：梁柱节点宜做成定型模板或装配式模板，且便于拆卸周转。

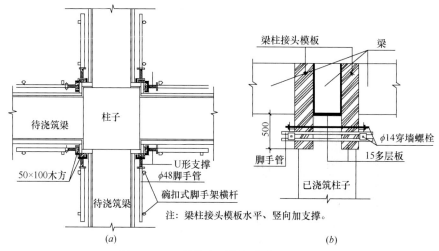

图 4.4.3-1 梁柱定型模板大样图（mm）

图 4.4.3-2　梁柱节点模板安装效果图　　　　图 4.4.3-3　梁柱节点混凝土成型效果

（2）梁柱节点模板（二）

梁柱节点即为柱头模板，应根据梁模板的选型来选择柱头模板的形式，宜做成定型模板或装配式模板，且便于拆卸周转。梁柱接头的模板要下跨柱子 600mm～800mm，至少应有两道锁木锁在柱子上。

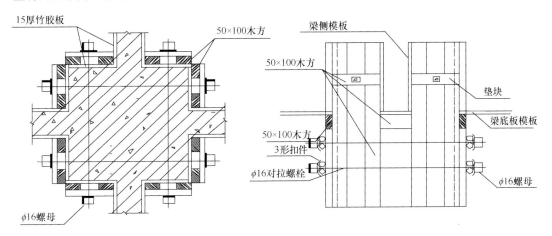

图 4.4.3-4　梁柱节点定型模板大样图（mm）

图 4.4.3-5　梁柱节点定型钢模板　　　　图 4.4.3-6　梁柱节点定型木模板

4.4.4 梁板起拱

对于跨度不小于4m的现浇钢筋混凝土梁、板，其模板应按设计要求起拱。当设计无具体要求时，起拱高度宜为：钢支撑1‰，硬木支撑1.5‰～2‰，较软木支撑2.5‰～3‰。在技术交底时宜绘制起拱图，便于操作现场控制，在工程中要确定具体起拱值，并明确在技术交底中，而不得写成1‰～3‰。

楼板只允许从四周向中间起拱，四周不起拱，应沿对角线方向起拱。起拱不能减小构件的截面高度。起拱要顺直，不得有折线。

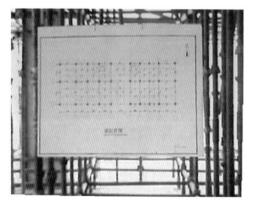

图 4.4.4-1　梁板起拱交底图

图 4.4.4-2　梁板起拱现场检查

4.5　楼梯模板

4.5.1 楼梯定型钢模板

楼梯踏步钢制定型模板，梯段板下口滴水线宜一次成型。

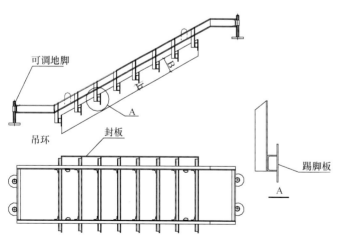

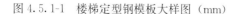

图 4.5.1-1　楼梯定型钢模板大样图（mm）

图 4.5.1-2　楼梯定型钢模板样图

图 4.5.1-3　楼梯定型钢模板现场安装图（一）　　图 4.5.1-4　楼梯定型钢模板现场安装图（二）

4.5.2　楼梯定型木模板

自制楼梯踏步定型模板支模时，考虑到装修厚度的要求，上下跑踢面立板错开以保证装修后梯阶对齐，增加美观效果，错开宽度根据装修做法确定。

楼梯踏步木制定型模板，混凝土随打随抹一次成活，并加护角。如果二次抹灰或铺砖，踏步的高度和宽度应考虑装修面层的厚度，第一踏步和最后一个踏步浇筑高度还要考虑楼梯间休息平台的装修厚度。

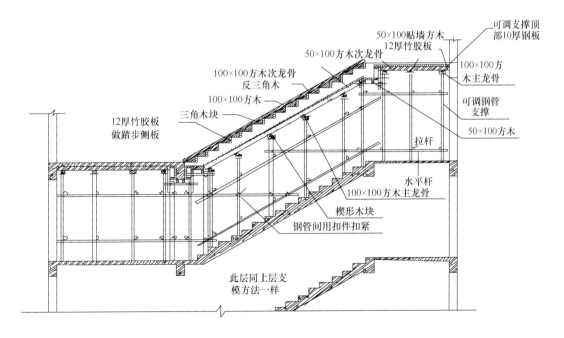

图 4.5.2-1　楼梯定型木模板示意图（mm）

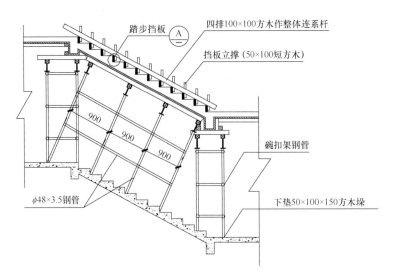

图 4.5.2-2　楼梯模板支设示意图（垂直梯段板支撑）

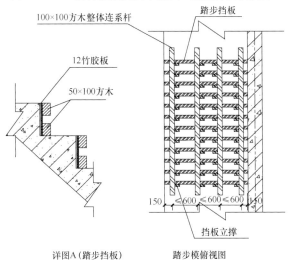

详图 A（踏步挡板）　　　　踏步模俯视图

图 4.5.2-3　木制楼梯踏步模板示意图（mm）

图 4.5.2-4　楼梯模板安装效果图

图 4.5.2-5　楼梯定型木模板（一）

图 4.5.2-6　楼梯定型木模板（二）　　　图 4.5.2-7　楼梯定型木模板（三）

4.6　电梯井模板

4.6.1　定型钢制筒模

筒模是由模板、角模和紧伸器等组成。主要适用于电梯井内模的支设，同时也可用于方形或矩形狭小建筑单间、建筑构筑物及筒仓等结构。筒模具有结构简单、装拆方便、施工速度快、劳动工效高、整体性能好、使用安全可靠等特点。

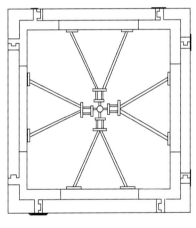

图 4.6.1-1　定型钢制电梯　　　　图 4.6.1-2　定型钢制电梯井
　　　　井筒模板大样　　　　　　　　　　筒模板安装

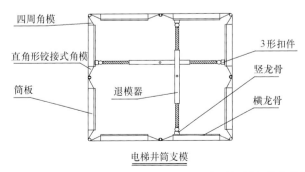
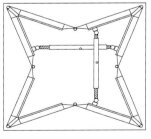

图 4.6.1-3　定型钢制电梯井筒模板

125

4.6.2 电梯井散拼钢模板

电梯井内模根据结构形式，采用标准大钢模板拼装，即使下一段没有同样的电梯井，角模及模板仍能够投入下一流水施工，可以节省模板投入。

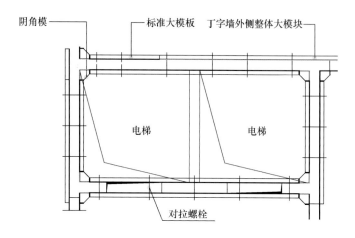

图 4.6.2-1 电梯井散拼钢模板

4.6.3 电梯井筒木模板

（1）电梯井口字形墙体模板的设计为墙体阴角、端部模板设计的组合。

（2）由于电梯井筒墙体内模无顶板，且截面一般不发生变化，内模可以设计成定型模板。

（3）为防止模板的变形造成电梯井筒不方正，在模板顶部四角设置角部模板，如图 4.6.3-1 所示。

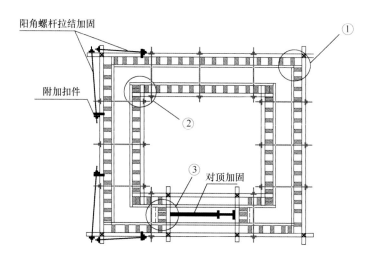

图 4.6.3-1 核心筒模板设置示意图
注：节点①、②、③见 4.2.2 条木模板。

（4）电梯井门洞口尺寸一般较小（≤1100mm），在加固时，对两端墙体通长加固，可以有效地控制混凝土墙面在同一平面内。

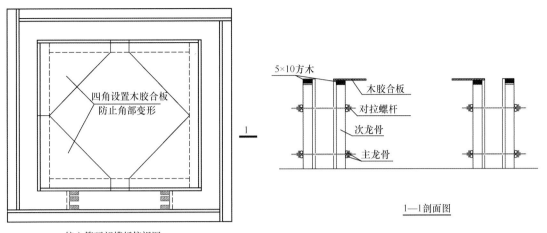

核心筒顶部模板俯视图

图 4.6.3-2　核心筒墙体模板加固设计

图 4.6.3-3　电梯井现场加固示意图

图 4.6.3-4　电梯井门洞口短墙现场加固图

4.6.4　电梯井支模平台

（1）墙豁支撑式

平台结构采用普通梁格系，面层铺 15mm 厚木板，下面布置 5 根 100mm×100mm 方

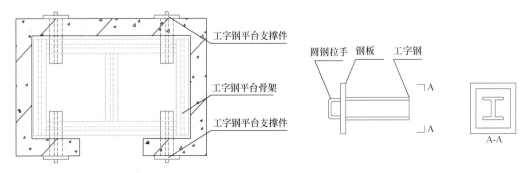

图 4.6.4-1　墙豁支撑式电梯平台示意图

木龙骨，龙骨下面为[10 槽钢边框及龙骨。在两根钢梁上焊四个吊环，每浇筑完一个楼层高的井筒筒壁混凝土，平台就提升一次，在每层筒壁上部平台钢梁制作的位置上留出 4 个支座孔，作为平台提升后钢梁的支座。平台向上提升前，将支腿伸入到电梯井道预留的支座孔内；经检查 4 个支腿全部伸入支座孔后，方可将吊环与塔吊吊钩脱离，工人即可在平台上操作。

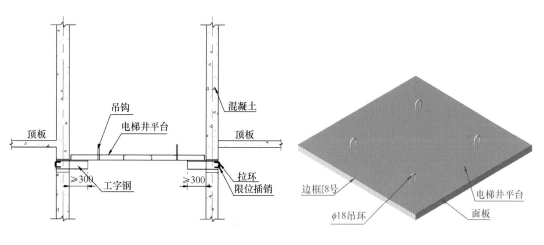

图 4.6.4-2　电梯平台剖面图　　　　　　　图 4.6.4-3　平台板详示意图

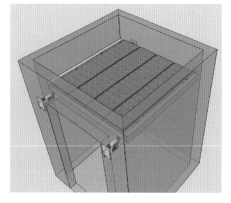

图 4.6.4-4　电梯平台详图立体图

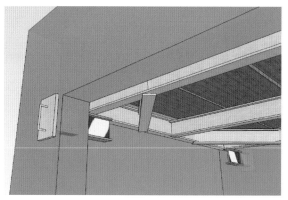

图 4.6.4-5　电梯平台详图节点图

（2）电梯井支模平台——三角支架式

平台尺寸与电梯井尺寸相同，直角边为电梯井高度，平台面层铺 50mm 厚普通脚手板，平台由 $\phi48$ 钢管焊接而成，支架由四根 $\phi48$ 钢管和两根[10 号槽钢组成，支座为 100mm×100mm 角钢；在平台上焊 2 个吊环。由于平台为三角形，根据三角稳定的原理，只要将平台支座支设在下一层的入口处，平台即牢固地卡在电梯井内（见图 4.6.4-6）。拆模后用塔吊吊钩钩住吊环，使平台略微倾斜，即可将平台平稳提升。

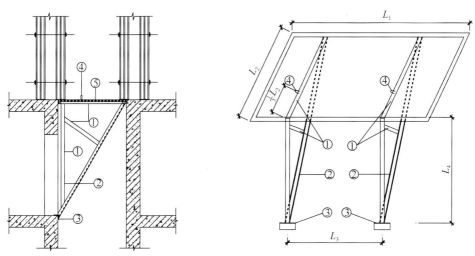

电梯井三角支架式平台

L_1—电梯井洞宽 $-20mm$；L_2—电梯井进深；L_3—门洞宽度 $-150mm$；L_4—层高 $-50mm$；①—$\phi48\times3.5$钢管；②—[10号槽钢；③—L100×100角钢；④—吊环；⑤—50mm厚脚手板

图 4.6.4-6　三角支架式电梯井支模平台

4.7　门窗洞口、阳台及异形部位模板

4.7.1　门窗洞口钢制定型模板

定型钢制门窗洞口模板，可保证门、窗洞口的位置及尺寸准确，模板可拼装、易拆除，刚度好、支撑牢、不变形、不移位。

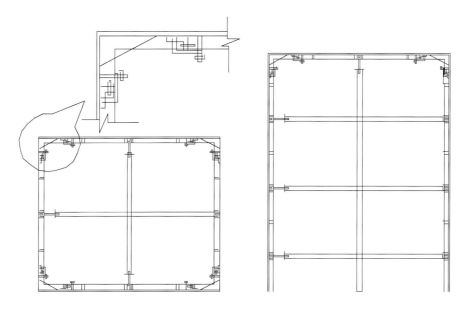

图 4.7.1-1　钢制门、窗洞口模板

图 4.7.1-2 钢制定型模板安装效果图（一）　　图 4.7.1-3 钢制定型模板安装效果图（二）

4.7.2 口套模板与大钢模板整体固定技术

工艺流程为：窗洞口口套模板拼装→外侧大模板相应位置开螺栓孔→将口套模板用 φ20 螺栓固定于外侧大模板上→吊装支设外侧大模板→吊装支设内侧大模板→校正两侧模板→穿墙螺栓固定。

采用此技术施工时，洞口口套模板不用单独支设校正，结构完成后窗洞口偏差较小，因此装修二次剔凿量较少。

图 4.7.2-1 组合后模板效果　　　　　　图 4.7.2-2 口套模板安装成形

4.7.3 门窗洞口木制定型模板

木材宜采用不易变形的红白松，模板阴角、阳角处用角钢与木模固定，同时洞口模板内部加支撑。门窗洞口模板侧面加贴海绵条防止漏浆，浇筑混凝土时从窗两侧同时浇筑，避免窗模偏位。

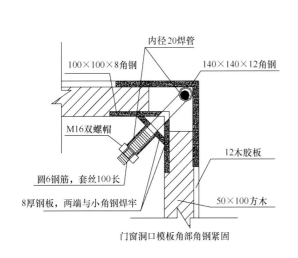

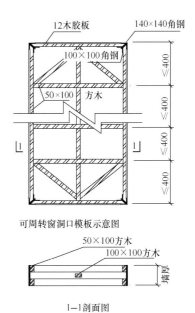

门窗洞口模板角部角钢紧固

可周转窗洞口模板示意图

1—1剖面图

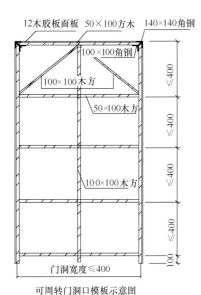

可周转门洞口模板示意图

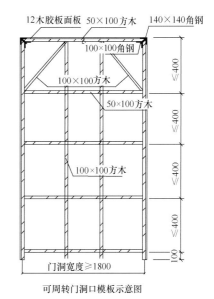

可周转门洞口模板示意图

图 4.7.3-1　木制定型模板示意图（mm）

图 4.7.3-2　木制定型模板安装角部处理及海绵条设置

131

4.7.4 窗口模板排气孔及专用定位筋

窗洞口模板下要设排气孔，防止混凝土浇筑不到位，并避免混凝土表面产生气泡。洞口模板宜采用专用定位筋定位固定，窗洞口四面均需设置定位筋，且避免与主筋焊接。

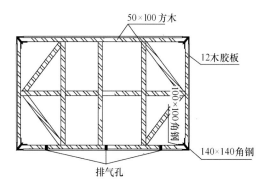

图 4.7.4-1　门窗洞口模板排气孔设置示意图（mm）

图 4.7.4-2　门窗洞口模板排气孔现场设置

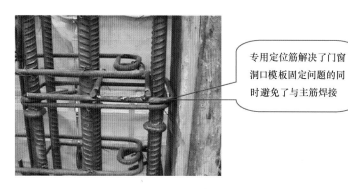

专用定位筋解决了门窗洞口模板固定问题的同时避免了与主筋焊接

图 4.7.4-3　洞口专用定位筋

4.7.5 窗口滴水条

外墙只作涂料的外窗口宜做成企口型，上沿应留出滴水槽，其滴水线槽不应撞墙，槽端距墙 20mm 为宜。

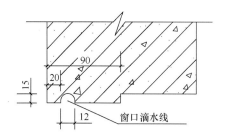

图 4.7.5-1　窗口滴水线设置示意图

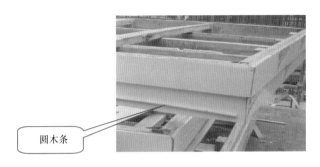

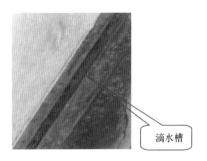

图 4.7.5-2　木制窗口模板滴水线设置圆木　　　　图 4.7.5-3　滴水线现场效果图

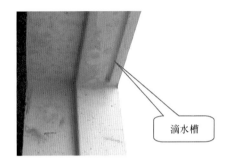

图 4.7.5-4　钢制窗洞口模板滴水线设置圆钢　　　图 4.7.5-5　滴水线现场效果图

4.7.6　阳台模板

（1）阳台模板（一）

阳台模板设计时，根据工程量大小及特点，可选用定型模板或拼装式模板，外墙内保温或外墙只作涂料的工程，阳台滴水线槽应随结构一次留置。

（2）阳台模板（二）

阳台栏板处，改变传统的先将阳台下反檐与阳台板一起吊帮支模浇筑，再施工阳台栏板的方法，而是先浇筑阳台平板部分，再浇筑立板将平板全部裹住，减少混凝土施工缝。

（3）阳台模板支撑

阳台模板应保持三层原支撑，如果因施工方法需要无法保持，也应先加临时支撑支顶后再拆模。后浇带梁头支柱要使用双排支柱，并有足够的刚度。

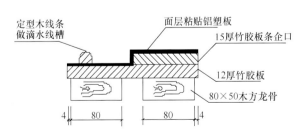

图 4.7.6-1　阳台模板设计示意图（mm）　　　　图 4.7.6-2　阳台定型钢模板

图4.7.6-3 阳台模板设置滴水槽模板

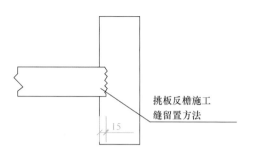

图4.7.6-4 阳台栏板减少施工缝做法

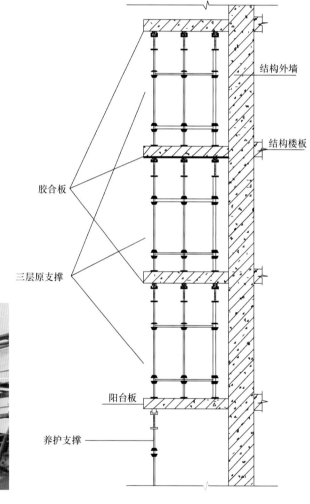

图4.7.6-5 阳台栏板留置竖向施工缝

图4.7.6-6 阳台模板支撑（3层）

4.7.7 空调板模板

（1）空调板模板

空调板与楼板一起浇筑，在板底用小木条一次做出滴水线。空调板立面外模板采用立模压平模，穿孔加设对拉螺栓。

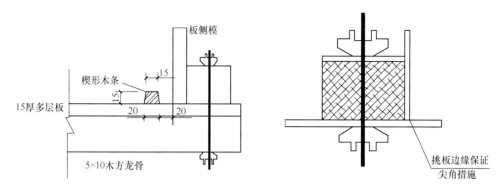

图 4.7.7-1 空调板模板设计示意图

（2）钢制定型空调板支架

钢制定型空调板支架的基本原理为：钢制三角支架＋螺栓连接，将支架挂于外墙上。架体轻便，组装、拆卸快捷。采用钢制定型支架，利于支架背肋双螺母标高及托架螺母进行支设标高调节。

图 4.7.7-2 空调板木模板现场加固图

图 4.7.7-3 现场支设效果

4.8 后浇带及施工缝模板

4.8.1 后浇带模板

（1）木模板

底板后浇带要严格按照图纸和施工方案留置。后浇带两侧模板多留设成企口形式。

（2）快易收口网

快易收口网在基础底板、墙体、梁、顶板的后浇带及施工缝部位使用，混凝土浇筑后无需处理混凝土界面，施工速度快。

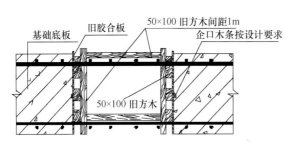

图 4.8.1-1 底板后浇带模板支设示意图（mm）

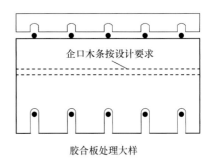

图 4.8.1-2 后浇带模板处理大样图

图 4.8.1-3 后浇带模板支设示意图

图 4.8.1-4 有止水钢板时快易收口网加固图

图 4.8.1-5 无止水钢板时快易收口网加固图

4.8.2 地下室外墙施工缝模板

为确保底板导墙接茬处混凝土质量，导墙接缝处大模板应落到底板上。

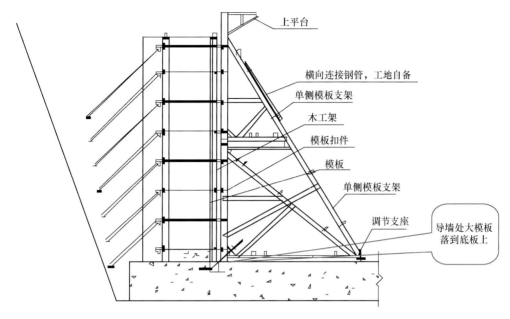

图 4.8.2-1　导墙处大模板落到底板上

4.8.3　楼板后浇带模板

梁、板后浇带按悬挑结构考虑，模板单独支设，采用双支柱支模，应有可靠的拉结措施，保证其牢固性和稳定性。顶板模板拆除时，保留后浇带两侧模板不拆除，不应采取先拆模后支顶的方法，以免出现结构变形。

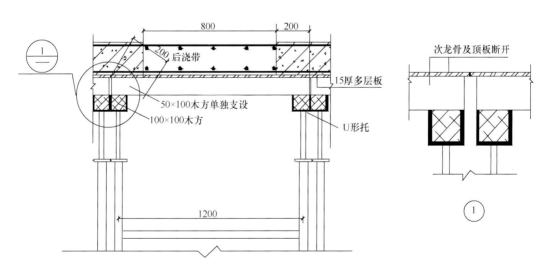

图 4.8.3-1　顶板后浇带模板独立支模示意图（mm）

图 4.8.3-2　顶板后浇带支模（一）

图 4.8.3-3　顶板后浇带支模（二）

4.8.4　楼板施工缝模板

楼板施工缝采用竹胶板或多层板，按钢筋间距和直径做成刻槽挡模，加木条垫板，施工完后及时取出。

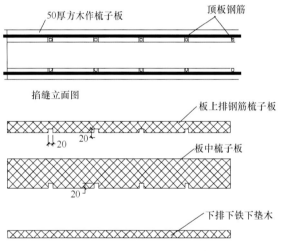
图 4.8.4-1　楼板施工缝模板设置示意图（mm）

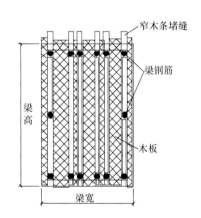
图 4.8.4-2　梁施工缝模板设置示意图

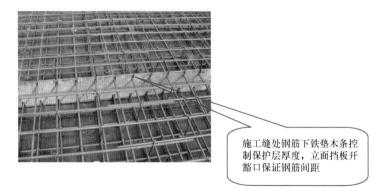
图 4.8.4-3　楼板施工缝模板效果图

4.8.5 墙体竖向后浇带快易收口网

墙体混凝土的竖向施工缝一般采用钢丝板网，并用挡板支撑牢固，但拆除模板后施工缝需二次处理；可采用快易收口网用于施工缝处，混凝土接茬部位不用剔凿处理，可直接进行下段混凝土施工。

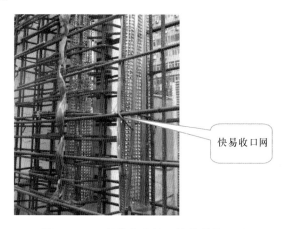

图 4.8.5-1　墙体竖向施工缝快易收口网

5　模　板　的　拆　除

5.1　拆除顺序

模板拆除时，可采取"先支后拆、后支先拆，先拆非承重模板、后拆承重模板"的顺序，并应自上而下进行拆除。

5.2　模板拆除时混凝土强度要求

5.2.1　底模及其支架拆除，应在混凝土强度达到设计要求时拆除；当设计无要求时，混凝土强度应符合表 5.2.1-1 规定。

底模拆除时的混凝土强度要求　　　　　　　　　　表 5.2.1-1

构件类型	构件跨度	达到设计的混凝土等级值的百分率（%）
板	≤2	≥50
	>2，≤8	≥75
	>8	≥100
梁、拱、壳	≤8	≥75
	>8	≥100
悬臂构件	—	≥100

5.2.2　侧模板拆除时，混凝土强度应以能保证其表面及棱角不因拆模而受损坏，预

埋件或外露钢筋插铁不因拆模碰扰而松动。墙体拆模要求混凝土强度达到 1MPa 可松动螺栓，待混凝土达到 4MPa 方可拆模，严禁拆模过早，出现墙混凝土粘连。同时在冬期施工时，待混凝土强度达到受冻临界强度，并冷却到 5℃以下时方可拆除保温。

5.2.3 结构拆除底模、支架应依据施工技术方案对其结构上部施工荷载及堆放料具进行严格控制或经验算在结构底部增设临时支撑。悬挑结构应按施工方案加临时支撑。

5.2.4 模板拆除时不应对楼层形成冲击荷载。拆除的模板和支架宜分散堆放并及时清运。

5.2.5 对后张法预应力混凝土结构构件，侧模宜在预应力张拉前拆除；底模支架的拆除应按施工技术方案执行，当无具体要求时，不应在结构构件建立预应力前拆除。

6 模板的堆放与维护

6.1 模板堆放

6.1.1 大模板拆除后应及时运出，堆放整齐，堆放场地应硬化，堆放在插架中，下垫木方，背楞相对，其倾角 $75°\sim80°$ 为宜。

图 6.1.1-1 大模板堆放（一）

图 6.1.1-2 大模板堆放（二）

图 6.1.1-3 大模板插架（一）

图 6.1.1-4 大模板插架（二）

图 6.1.1-5 大模板插架（三）

图 6.1.1-6 大模板插架（四）

6.1.2 对单支撑的模板应考虑临时支撑，确保稳定；堆放时模板面对面放置，模板之间应留出不小于 500mm 的距离，便于施工人员清理。

6.1.3 堆放架应稳定，防止被风刮倒。模板堆放应有安全维护区，并挂牌，非工作人员严禁入内，堆放区应符合总平面图的要求。

6.2 模板的维护

6.2.1 设置专人、专用工具对模板进行清理，并将清理模板作为一道工序验收，做到"一磨（用打磨机磨去凸物）、一铲（用铁铲铲去污物）、一擦（用拖布擦洗板面）、一涂（用滚子涂刷脱模剂）"四道工序，尤其是模板的边角处，模板清理合格后，方可涂刷脱模剂。

图 6.2.1-1 大模板涂刷涂膜剂

6.2.2 钢模板安装前，应在模板外侧刷防锈漆，内侧刷脱模剂。脱模剂不得影响结构性能或妨碍装饰工程施工。

（1）竖向钢模板脱模剂用优质机油加柴油按比例配制，一般机油和柴油按 3∶7 或 2∶8（体积比）配制而成。水平模板宜采用水性脱模剂。冬、雨期施工不宜使用水性脱模剂。涂刷时以不流坠为准，且要均匀，无漏刷，模板吊装前应将浮油擦净。涂刷隔离剂时不得污染钢筋及混凝土接茬处。刷完后挂可使用牌。

图 6.2.2-1　大模板验收挂牌

（2）冬季大模板背后做好保温，拆模后发现有脱落及时修补。注意选用的保温板应达到相应耐火等级并留存其复试报告。

（3）为防止浇筑墙体混凝土时，混凝土进入大模板水平槽钢背楞，槽钢凹槽内可填塞聚苯板。

图 6.2.2-2　大模板保温（一）

图 6.2.2-3　大模板保温（二）

图6.2.2-4　大模板防止混凝土掉入槽钢措施（一）

图6.2.2-5　大模板防止混凝土掉入槽钢措施（二）

（4）钢模板拆除后除清理和涂刷隔离剂外，还应对模板面进行检查修整，龙骨槽钢、配件等检查补充，螺栓松动的进行拧紧牢固，其中板面损坏严重的不能再用。

7 质 量 检 查

7.1 模板检查

7.1.1 模板安装检查

（1）安装现浇混凝土的上层模板及其支架，下层楼板应具有承受上层荷载的承载能力，或加设支架；上、下层支架的立柱应对准，并铺设垫板。

（2）模板与混凝土的接触面应清理干净并涂刷隔离剂，但不得采用影响结构性能或妨碍装饰工程施工的隔离剂；在涂刷模板隔离剂时，不得沾污钢筋和混凝土接茬处。

（3）模板的接缝不应漏浆；在浇筑混凝土前，模板内清理干净，木模板应浇水湿润，但模板内不应有积水。

（4）用做模板的地坪、胎膜等应平整光洁，不得产生影响构件质量的下沉、裂缝、起砂或起鼓。

（5）固定在模板上的预埋件、预留孔和预留洞均不得遗漏，且应安装牢固。

（6）施工缝处混凝土表面层剔凿处理符合规定，并清理干净。

7.1.2 模板、支架杆件和连接件的进场检查

模板、支架杆件和连接件的进场检查应符合下列规定：

（1）模板表面应平整；胶合板模板的胶合层不应脱胶翘角；支架杆件应平直，应无严重变形和锈蚀；连接件应无严重变形和锈蚀，并不应有裂纹；

（2）模板规格和尺寸、支架杆件的直径和壁厚，及连接件的质量，应符合设计要求；

（3）施工现场组装的模板，其组成部分的外观和尺寸，应符合设计要求；

（4）必要时，应对模板、支架杆件和连接件的力学性能进行抽样检查；

（5）应在进场时和周转使用前全数检查外观质量。

7.1.3 扣件式钢管模板支架检查

采用扣件式钢管做模板支架时，质量检查应符合下列规定：

（1）梁下立杆间距的偏差不宜大于 50mm，板下支架立杆间距的偏差不宜大于 100mm；水平杆间距的偏差不宜大于 50mm；

（2）应检查支架顶部承受模板荷载的水平杆与支架立杆连接的扣件数量，采用双扣件构造设置的抗滑移扣件，其上下应顶紧，间隙不应大于 2mm；

（3）支架顶部承受模板荷载的水平杆与支架立杆连接的扣件拧紧扭矩不应小于 40N·m，且不应大于 65N·m；支架每步双向水平杆应与立杆扣接，不得缺失。

7.1.4 碗扣式、盘扣式或盘销式钢管模板支撑检查

采用碗扣式、盘扣式或盘销式钢管架做模板支撑架时，质量检查应符合下列规定：

（1）插入立杆顶端可调托座伸出顶层水平杆的悬挑长度，不应超过 650mm；

（2）水平杆杆端与立杆连接的碗扣、插接和盘销的连接状况，不应松脱；

（3）按规定设置竖向和水平斜撑。

7.2 现浇结构模板安装允许偏差及检查方法

模板安装后应检查尺寸偏差。固定在模板上的预埋件、预留孔和预留洞，应检查其数量和尺寸。

现浇结构模板安装的允许偏差及检查方法　　　　表 7.2-1

项次	项　目		允许偏差（mm）	检验方法
1	轴线位置		5	尺量
2	底模上表面标高		±5	水准仪或拉线、尺量
3	截面模内部尺寸	基础	±10	尺量
		柱、墙、梁	±5	尺量
		楼梯相邻踏步高层	5	尺量
4	墙、柱垂直度	层高不大于 6mm	8	经纬仪
		大于 6m	10	吊线、尺量
5	相邻两板表面高低差		2	尺量
6	表面平整度		5	靠尺、塞尺

第3章 混 凝 土 工 程

1 混凝土工程施工主要相关规范标准

本条所列的是与施工相关的主要国家和行业标准，也是项目部需配置的，且在施工中经常查看的规范标准。地方标准由于各地要求不一致，未进行列举，但在各地施工时必须参考。如北京 DBJ 01—82 中要求对冬期施工混凝土的同条件试件留置要求，被列为强制条文。

《混凝土结构工程施工质量验收规范》GB 50204

《混凝土结构工程施工规范》GB 50666

《地下防水工程质量验收规范》GB 50208

《普通混凝土拌合物性能试验方法标准》GB/T 50080

《普通混凝土力学性能试验方法标准》GB/T 50081

《普通混凝土长期性能和耐久性能试验方法标准》GB/T 50082

《混凝土外加剂应用技术规范》GB 50119

《混凝土质量控制标准》GB 50164

《大体积混凝土施工规范》GB5 0496

《混凝土结构现场检测技术标准》GB/T 50784

《大体积混凝土温度测控技术规范》GB/T 51028

《混凝土泵送施工技术规程》JGJ/T 10

《普通混凝土用砂、石质量及检验方法标准》JGJ 52

《普通混凝土配合比设计规程》JGJ 55

《混凝土用水标准》JGJ 63

《建筑工程冬期施工规程》JGJ/T 104

《钻芯法检测混凝土强度技术规程》JGJ/T 384

《高性能混凝土评价标准》JGJ/T 385

2 主要施工强制性条文

2.1 《混凝土结构工程施工质量验收规范》GB 50204—2015 强制性条文

（1）（7.2.1条）水泥进场时，应对其品种、代号、强度等级、包装或散装编号、出厂日期等进行检查，并应对水泥的强度、安定性和凝结时间进行检验，检验结果应符合现行国家标准《通用硅酸盐水泥》GB 175 等的相关规定。

检查数量：按同一厂家、同一等品种、同一代号、同一强度等级、同一批号且连续进场的水泥，袋装不超过 200t 为一批，散装不超过 500t 为一批，每批抽样数量不应少于一次。

检验方法：检查质量证明文件和抽样检验报告。

【注：质量证明文件包括产品合格证、有效的型式检验报告、出厂检验报告。】

（2）（7.4.1 条）混凝土的强度等级必须符合设计要求。用于检验混凝土强度的试件，应在混凝土的浇筑地点随机抽取。

检查数量：对同一配合比混凝土，取样与试件留置应符合下列规定：

1 每拌制 100 盘且不超过 100m³ 时，取样不得少于一次；

2 每工作班拌制不足 100 盘时，取样不得少于一次；

3 连续浇筑超过 1000m³ 时，每 200m³ 取样不得少于一次；

4 每一楼层取样不得少于一次；

5 每次取样应至少留置一组试件。

检验方法：检查施工记录及混凝土强度试验报告。

【注：试件的制作地点应为浇筑地点，通常指入模处。】

2.2 《混凝土结构工程施工规范》GB 50666—2011 强制性条文

（1）（7.2.4 条）混凝土细骨料中氯离子含量，对钢筋混凝土，按干砂的质量百分率计算不得大于 0.06%；对预应力混凝土，按干砂的质量百分率计算不得大于 0.02%；

（2）（7.2.10 条）未经处理的海水严禁用于钢筋混凝土结构和预应力混凝土结构中混凝土的拌制和养护。

（3）（7.6.3 条）应对水泥的强度、安定性及凝结时间进行检验。同一生产厂家、同一等级、同一品种、同一批号且连续进场的水泥，袋装水泥不超过 200t 应为一批，散装水泥不超过 500t 应为一批。

（4）（7.6.4 条）当使用中水泥质量受不利环境影响或水泥出厂超过三个月（快硬硅酸水泥超过一个月）时，应进行复验，并应按复验结果使用。

（5）（8.1.3 条）混凝土运输、输送、浇筑过程中严禁加水；混凝土运输、输送、浇筑过程中散落的混凝土严禁用于混凝土结构构件的浇筑。

2.3 《大体积混凝土施工规范》GB 50496—2009 强制性条文

（1）（4.2.2 条）水泥进场时应对其品种、强度等级、包装或散装仓号、出厂日期等进行检查，并应对其强度、安定性、凝结时间、水化热等性能指标及其他必要的性能指标进行复检。

2.4 《混凝土质量控制标准》GB 50164—2011 强制性条文

（1）（6.1.2 条）混凝土拌合物在运输和浇筑成型过程中严禁加水。

2.5 《地下防水工程质量验收规范》GB 50208—2011 强制性条文

（1）（4.1.16 条）防水混凝土结构的施工缝、变形缝、后浇带、穿墙管、埋设件等设置和构造必须符合设计要求。

检验方法：观察检查和检查隐蔽工程验收记录。

3 预拌混凝土资料要求及进场检验

目前建筑工程混凝土主要采用"预拌商品混凝土"。作为施工单位，对混凝土质量的控制主要有两个阶段，前期预控阶段和现场控制阶段。前期预控阶段主要为合同控制阶段，其主要表现为混凝土厂家的选择和合同技术要求的明确。

要选择信誉好、规模大、运距近的厂家；商品混凝土在签订供应合同时，应提出技术要求，得以双方确认，重点应有以下内容：混凝土耐久性、强度等级、性能指标、混凝土初凝和终凝时间、坍落度、抗渗要求、混凝土供应速度等，并对资料提出相应要求。抗渗混凝土的要求应与普通混凝土分别提出。

同时为给现场混凝土质量控制提供依据，预拌混凝土厂家还应提供混凝土在常规温度下的强度增长曲线参考图，在现场混凝土结构拆模完成后（特别是竖向构件），项目部应及时对现场混凝土进行回弹，将回弹数据与强度增长曲线、同条件试块抗压强度进行对比，看是否存在较大差异，如果现场回弹强度较低，应会同混凝土厂家一起查找原因，及时改进。

预拌混凝土的进场质量控制，主要分为资料和现场检查两个方面。

3.1 资料检查

3.1.1 出厂质量证明书

（1）内容：一般包括预拌混凝土出厂质量证明书、混凝土配合比通知单、混凝土氯化物和碱含量计算书、砂石碱活性试验报告（注意：各地方标准要求可能不一致）。

（2）检查要点：强度等级、部位、订货数量、生产日期、坍落度、水胶比、外加剂、碱含量、氯离子含量等。注意地方标准要求及设计要求。

3.1.2 预拌混凝土运输单

本资料的主要作用是确认收货和记录混凝土出厂至完成浇筑的时间，确保混凝土的可追溯性；其主要检查内容为：强度、部位、输送方式、方量、坍落度等明示内容检查，以及混凝土出站、到场、开始浇筑、完成浇筑时间的填写。

3.1.3 预拌混凝土出厂合格证（32天内提供）

预拌混凝土出厂合格证在32天内由供应单位负责提供，应包括以下内容：使用单位、合格证编号、工程名称、浇筑部位、强度等级、抗渗等级、供应数量、供应日期、原材料品种与规格和试验编号、配合比编号、混凝土28天抗压强度值、抗渗等级性能试验、抗压强度试验结果及结论、技术负责人（签字）、填表人（签字）、供应单位盖章等。合格证要填写齐全，无未了项，不得漏填或错填。数据真实，结论正确，符合要求。

3.1.4 资料可追溯性要求

预拌混凝土供应单位除向施工单位提供上述资料外，还应保证以下资料的可追溯性：试配记录、水泥出厂合格证和试（检）验报告、砂和碎（卵）石试验报告、轻骨料试（检）验报告、外加剂和掺合料产品合格证和试（检）验报告、开盘鉴定、混凝土抗压强度报告、抗渗试验报告、混凝土坍落度测试记录和原材料有害物含量检测报告。

3.2 现场检验

预拌混凝土的现场检验主要包括外观质量检查和实测项目检验。

3.2.1 外观质量检查

主要检查有无分层离析现象，也称泌水现象。

（1）现象

上下密度不一（下大上小），粗细骨料分布不均，混凝土坍落度过大。形式表现为下面都是粗骨料，中间是细骨料，上面是砂浆，最上面是水。混凝土分层离析主要分为两类：浆水离析，表现为泌水；骨料离析，表现为下面粗骨料多、上面浆体多的分层状态。两种离析往往同时发生。

（2）产生原因

在拌合混凝土的过程中掺水比例过大。新拌混凝土是不同密度材料的混合物，水的密度最小，有上浮到表面的趋势，依靠胶凝材料细粉的物理化学吸附作用，将水保持在浆体中。砂石密度大于水泥浆体，有下沉趋势，依靠水泥浆体的粘滞阻力阻止下沉，但是骨料粒径越大下沉趋势越大。水灰比大、水泥细度小（磨得不够细）和掺加矿粉（保水性差），容易产生泌水。低强度混凝土由于水灰比大，使用矿粉的中、低强度混凝土，泌水现象比较普遍。坍落度大的混凝土，水泥浆黏度小，容易发生骨料离析。实际施工，坍落度过大是导致粗骨料离析的主要原因。

（3）处理方法

1）当搅拌运输过程中出现离析或使用外加剂进行调整时，搅拌运输车应进行快速搅拌，搅拌时间应不小于120s；运输过程中严禁向拌合物中加水。

2）运输过程中，坍落度损失或离析严重，经补充外加剂或快速搅拌已无法恢复混凝土拌合物的工艺性能时，不得浇筑入模。

3.2.2 实测项目

实测项目检验主要为和易性检验。

和易性是指混凝土拌合物能保持其组成成分均匀，不发生分层离析、泌水等现象，适于运输、浇筑、捣实成型等施工作业，并能获得质量均匀、密实的混凝土的性能。包括流动性、黏聚性和保水性三个方面。

混凝土拌合物的和易性内涵比较复杂，难以用一种简单的测定方法和指标来全面恰当地表达。根据现行国家标准《普通混凝土拌合物性能试验方法标准》GB 50082规定，用坍落度与坍落扩展法和维勃稠度法来测定混凝土拌合物的稠度，来判定混凝土的流动性，并辅以直观经验来评定黏聚性和保水性。

（1）坍落度与坍落扩展试验

主要为混凝土坍落度的测定。将测定值与"预拌混凝土运输单"或"出厂质量证明书"上的坍落度值对比，确定是否符合要求。

坍落度与坍落扩展试验应按下列步骤进行：

1）湿润坍落度筒及底板，在坍落度筒内壁和底板上应无明水。底板应放置在坚实水平面上，并把筒放在底板中心，然后用脚踩住两边的脚踏板，坍落度筒在装料时应保持固定的位置。

2）把按要求取得的混凝土试样用小铲分三层均匀地装入筒内，使捣实后每层高度为筒高的三分之一左右。每层用捣棒插捣 25 次。插捣应沿螺旋方向由内向中心进行，各次插捣应在截面上均匀分布。插捣筒边混凝土时，捣棒可以稍稍倾斜。插捣底层时，捣棒应贯穿整个深度，插捣第二层和顶层时，捣棒应插透本层至下一层表面；浇灌顶层时，混凝土应灌注到高出筒口。插捣过程中，如混凝土沉落到低于筒口，则应随时添加。顶层插捣完后，刮去多余的混凝土，并用抹刀抹平。

3）清除筒边底板上的混凝土后，垂直平稳地提起坍落度筒。坍落度筒的提高过程应控制在 5s～10s 内完成；从开始装料到提坍落度筒的整个过程应不间断进行，并应控制在 150s 内完成。

4）提起坍落度筒后，测量筒高与坍落后混凝土试体最高点之间的高度差，即为该混凝土拌合物的坍落度值；坍落度筒提离后，如混凝土发生崩塌或一边剪坏现象，则应重新取样另行测定；如第二次试验仍出现上述现象，则表示该混凝土和易性不好，应予以记录备查。

5）观察坍落后的混凝土试体的黏聚性及保水性。黏聚性的检查方法是用捣棒在已坍落的混凝土锥体侧面轻轻敲打，此时如果锥体逐渐下沉，则表示黏聚性良好，如果锥体倒塌、部分崩裂或出现离析现象，则表示黏聚性不好。保水性以混凝土拌合物稀浆析出的程度来评定，坍落度筒提起后如有较多的稀浆从底部析出，锥体部分的混凝土也因失浆而骨料外露，则表明此混凝土拌合物的保水性能不好；如坍落度筒提起后无稀浆或仅用少量稀浆自底部析出，则表示此混凝土拌合物保水性良好。

6）当混凝土拌合物的坍落度大于 220mm 时，用钢尺测量混凝土扩展后最终的最大直径和最小直径，在这两个直径之差小于 50mm 的条件下，用其算术平均值作为坍落扩展度值；否则，此次试验无效。

7）如果发现粗骨料在中央集堆或边缘有水泥浆析出，表示此混凝土拌合物抗离析性不好，应予记录。

8）混凝土拌合物坍落度与坍落扩展度值以毫米为单位，测量精确至 1mm，结果表达修约 5mm。

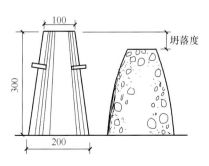

图 3.2.2-1　坍落度测试示意图

图 3.2.2-2　现场坍落度测试

149

图 3.2.2-3　现场坍落度测试　　　　　　图 3.2.2-4　现场坍落扩展度测试

（2）维勃稠度法

本方法适用于骨料最大粒径不大于 40mm，维勃稠度在 5s～30s 之间的混凝土拌合物稠度测定。坍落度不大于 50mm 或干硬性混凝土和维勃稠度大于 30s 的特干硬性混凝土拌合物的稠度可采用增实因数法来测定。

1）维勃稠度仪应放置在坚实的水平面上，用湿布把容器、坍落度筒、喂料斗内壁及其他用具湿润；

2）将喂料斗提到坍落度筒上方扣紧，校正容器位置，使其中心与喂料斗中心重合，然后拧紧固定螺丝；

3）把按要求取样或制作的混凝土拌合物试样用小铲分三层经喂料斗均匀地装入筒内，装料及插捣的方法同坍落度与坍落扩展试验方法第 2）条的规定；

4）把喂料斗转离，垂直地提起坍落度筒，此时应注意不使混凝土试体产生横向的扭动；

5）把透明圆盘转到混凝土圆台体顶面，放松测杆螺钉，降下圆盘，使其轻轻接触到混凝土顶面；

图 3.2.2-5　混凝土增实因数筒

6）拧紧定位螺钉，并检查测杆螺钉是否已经完全放松；

7）在开启振动台的同时用秒表计时，当振动到透明圆盘的底面被水泥浆布满的瞬间停止计时，并关闭振动台；

8）由秒表读出时间即为该混凝土拌合物的维勃稠度值，精确至 1s。

4　混凝土运输及输送

4.1　混凝土运输

4.1.1　混凝土运输一般采用专用搅拌罐车，在运输途中及等候卸料时，应保持搅拌运输车正常转速，不得停转。

4.1.2　冬期混凝土运输应采取有效的保温措施，保证混凝土出罐温度不小于 10℃，入模温度不小于 5℃。

4.1.3 夏季运输应采取必要的措施防止运输车辆暴晒致使水分蒸发，或雨水进入混凝土中，影响混凝土和易性，致使混凝土浇筑质量降低。

4.1.4 混凝土拌合物从搅拌机卸出至施工现场接收的时间间隔不宜大于 90min。混凝土运输、浇筑及间歇的全部时间不应超过混凝土的初凝时间。

4.1.5 当采用搅拌罐车运送混凝土拌合物时，卸料前应采用快挡旋转搅拌罐不少于 20s。因运距过远、交通或现场等问题造成坍落度损失较大卸料困难时，可采用在混凝土拌合物中掺入适量减水剂并加快旋转搅拌罐的措施，减水剂掺量应有经试验确定的预案。

4.1.6 混凝土送到施工现场后，应设专人进行管理，并在车辆出入口处进行交通安全指挥，施工现场道路应顺畅，有条件时宜设置循环车道；危险区域应设置警戒标志；夜间施工时，应有良好的照明，确保运输车安全通行。

4.1.7 当采用机动翻斗车运输混凝土时，道路应通畅，路面应平整、坚实，临时坡道或支架应固定牢固，铺板接头应平顺。

4.1.8 混凝土运至浇筑地点时，要进行混凝土现场检验，进行坍落度测试，并具有浇筑所规定的坍落度值，每车都要测试，且要进行和易性的检查。如果产生分层离析现象，浇筑前必须进行二次搅拌。参照本章第 3 节"预拌混凝土资料要求及进场检验"。

4.1.9 项目部设专人对到达施工现场的混凝土按照合同约定要求及有关标准的规定进行验收。验收人应审核《预拌混凝土运输单》内容，并对混凝土拌合物的工作性能进行确认，满足要求时验收人应在《预拌混凝土运输单》上签字验收，对不满足施工要求的混凝土拌合物应拒收，在运输单上注明拒收原因并签字。

4.2 混凝土输送

4.2.1 输送方式的分类

混凝土的输送主要是指混凝土的浇筑运输。浇筑运输方式根据使用工具的不同，可分为溜槽、吊车配备斗容器、升降设备配备小车、泵送等。其中泵送根据使用机械的不同又分为拖泵、汽车泵、车载泵等运输方式。为提高机械化施工水平，提高生产效率，保证施工质量，宜优先选用预拌混凝土泵送方式。

4.2.2 输送泵的选择及布置

混凝土输送泵的选择及布置应符合下列规定：

（1）输送泵的选型应根据工程特点、混凝土输送高度和距离、混凝土工作性能确定。

（2）输送泵的数量，应根据混凝土浇筑量和每台泵的输送能力以及现场施工条件经计算确定，其计算详见本章"4.3 混凝土泵送施工设计"，必要时应设置备用泵。

（3）输送泵设置的位置应满足施工要求，场地应平整、坚实，道路应畅通。

（4）输送泵采用汽车泵时，其布料杆作业范围内不得有障碍物、高压线等；采用汽车泵、拖泵或车载泵进行泵送混凝土时，应离开建筑物一定距离，防止高空坠物。在建筑物下方固定位置设置拖泵进行混凝土泵送施工时，应在拖泵上方设置防砸棚。

4.2.3 泵管与支架的设置

混凝土输送泵管与支架的设置应符合下列规定：

（1）混凝土输送泵管应根据输送泵的型号、拌合物性能、总输出量、单位输出量、输送距离以及粗骨料粒径等进行选择。输送管和输送泵要相匹配。

（2）混凝土粗骨料最大粒径不大于 25mm 时，可采用内径不小于 125mm 的输送泵管；混凝土粗骨料最大粒径不大于 40mm 时，可采用内径不小于 150mm 的输送泵管。

（3）输送泵管安装连接应严密，如果输送泵管安装接头不严密或不按照要求安装接头密封圈，而使输送管漏气、漏浆，这是造成堵泵的直接原因。输送泵管道转向宜平缓，弯管可采用较大的转弯半径，可以大大减少混凝土输送泵的泵口压力，降低混凝土输送难度。

（4）混凝土泵应按规定设定支点或固定，尤其是变径、变方向的泵管处应固定牢固；泵的最大水平距离必须经过计算。为了便于施工，宜在混凝土楼板上预留洞口，避开管道间及后浇带，泵管四周与楼板用方木楔紧。输送泵管应采用支架固定，支架应与结构牢固连接，输送泵管转向处支架应加密；输送泵管对支架的作用以及支架对结构的作用，都应经过验算，必要时对结构进行加固，以确保支架使用安全和对结构无害。

（5）向上输送混凝土时，为了控制竖向输送泵管内混凝土在自重作用下对混凝土泵产生过大压力，地面水平输送泵管的直管和弯管总的折算长度不宜小于竖向输送高度的 20%，且不宜小于 15m。

（6）输送泵管倾斜或垂直向下输送混凝土，且高差大于 20m 时，应在倾斜或竖向管下端设置直管或弯管，直管或弯管总的折算长度不宜小于高差的 1.5 倍。

（7）输送高度大于 100m 时，混凝土自重对输送泵的泵口压力大大增加，为了对混凝土输送过程进行有效控制，在混凝土输送泵出料口处的输送泵管位置设置截止阀。

（8）混凝土输送泵管及其支架应经常进行检查和维护。

4.2.4 布料设备的设置

混凝土输送布料设备的设置应符合下列规定：

（1）布料设备是指安装在输送泵管前端，用于混凝土浇筑的布料杆或布料机。其选择应与输送泵相匹配；布料设备的混凝土输送管内径宜与混凝土输送泵管内径相同，当内径不同时，应安装转换接头进行管径转换。

（2）布料设备的数量及位置应根据布料设备工作半径、施工作业面大小以及施工要求确定。

（3）布料设备应安装牢固，且应采取抗倾覆措施；布料设备安装位置处的结构或专用装置应进行验算，必要时应采取加固措施。

（4）应经常对布料设备的弯管壁厚进行检查，磨损较大的弯管应及时更换。

（5）布料设备作业范围不得有障碍物，并应有防范高空坠物的设施。

4.3 混凝土泵送施工设计

4.3.1 一般规定

（1）混凝土泵送施工方案应根据混凝土工程的特点、浇筑工程量、拌合物特性以及浇筑进度等因素设计和确定。

（2）混凝土泵送施工方案应包含下列内容：

编制依据、工程概况、施工技术条件分析、混凝土运输方案、混凝土输送方案、混凝土浇筑方案、施工技术措施、施工安全措施、环境保护技术措施、施工组织等 10 个部分。

（3）当多台混凝土泵同时泵送或与其他输送方法组合输送混凝土时，应根据各自的输送能力，规定浇筑区域和浇筑顺序。

4.3.2 混凝土可泵性分析

（1）混凝土泵送设计阶段，应根据施工技术要求、原材料性能特性、混凝土配合比、混凝土拌制工艺、混凝土运输和输送方案等技术条件分析混凝土的可泵性。

（2）混凝土的骨料级配、水胶比、砂率、最小胶凝材料用量等技术指标，应符合现行《普通混凝土配合比设计规程》JGJ 55 中有关泵送混凝土的要求（表 4.3.2-1）。

泵送混凝土指标要求　　　　　　　　　　　　　　表 4.3.2-1

序号	项　目	要　　　求
1	水泥	宜选用硅酸盐水泥、普通硅酸盐水泥、矿渣硅酸盐水泥和粉煤灰硅酸盐水泥
2	粗骨料	宜采用连续级配，其针片状颗粒含量不宜大于 10%； 最大公称粒径与输送泵管直径之比符合 JGJ 55 表 7.4.1 要求
3	细骨料	宜采用中砂，其公称直径为 315μm 筛孔的颗粒含量不宜少于 15%
4	胶凝材料	胶凝材料用量不宜小于 300kg/m³
5	砂率	宜为 35%～45%
6	外加剂	泵送混凝土应掺用泵送剂或减水剂，并宜掺用矿物掺合料

（3）不同入泵坍落度或扩展度的混凝土，其泵送高度宜符合 4.3.2-2 的要求。

混凝土入泵坍落度与泵送高度的关系　　　　　　　表 4.3.2-2

最大泵送高度（m）	50	100	200	400	400 以上
入泵坍落度（mm）	100～140	150～180	190～220	230～260	—
入泵扩展度（mm）	—	—	—	450～590	600～740

（4）防水混凝土采用预拌混凝土时，入泵坍落度宜控制在 120mm～160mm，坍落度每小时损失不应大于 20mm，坍落度总损失值不应大于 40mm。

（5）混凝土供应方应有严格的质量保证体系，供应能力应符合连续泵送的要求。

（6）拌制强度等级高于 C60 的泵送混凝土时，应根据现场具体情况，增加坍落度和坍落度经时损失的检测频率，并做好相应记录。

4.3.3 混凝土泵的选配

（1）应根据混凝土输送管路系统布置方案及混凝土浇筑工程量、浇筑进度、混凝土坍落度、设备状况等施工技术条件来确定混凝土泵的型号。选型的重点是确定混凝土泵的额定压力、额定排量、台数等参数。

（2）混凝土泵的实际平均输出量可根据混凝土泵的最大输出量、配管情况和作业效率，按下式计算：

$$Q_1 = \eta \alpha_1 Q_{max}$$

式中：Q_1——每台混凝土泵的实际平均输出量（m³/h）；

Q_{max}——每台混凝土泵的最大输出量（m³/h）；

α_1——配管条件系数，可取 0.8～0.9；

η——作业效率，根据混凝土搅拌运输车向混凝土泵供料的间断时间、拆装混凝土输送管和布料停歇等情况，可取 0.5～0.7。

（3）混凝土泵的配备数量可根据混凝土浇筑体积量、单机的实际平均输出量和计划施工作业时间，按下式计算：

$$N_2 = \frac{Q}{Q_1 T_0}$$

式中：N_2——混凝土泵台数；

    Q——混凝土浇筑方量（m^3）；

    Q_1——每台混凝土泵的实际平均输出量（m^3/h）；

    T_0——计划浇筑时间（h）。

（4）混凝土的额定工作压力应大于按下式计算的混凝土最大泵送阻力：

$$P_{max} = \frac{\Delta P_H L}{10^6} + P_f$$

式中：P_{max}——最大混凝土泵送压力（MPa）；

    L——各类布置状态下混凝土输送管路系统的累计水平换算距离，可按 JGJ/T 10 附录 A 表 A.0.1 换算累加确定（m）；

    ΔP_H——混凝土在水平输送管内流动每米产生的压力损失，可按 JGJ/T 10 附录 B 公式 B.0.2-1 计算（Pa/m）；

    P_f——混凝土泵送系统附件及泵体内部压力损失，当缺乏详细资料时，可按 JGJ/T 10 附录 B 表 B.0.1 取值累加计算（MPa）。

（5）混凝土的最大水平输送距离，可按下列方法之一确定：

1）由试验确定。

2）根据混凝土泵的最大出口压力、配管情况、混凝土性能指标和输出量，按下式计算：

$$L_{max} = \frac{P_e - P_f}{\Delta P_H} \times 10^6$$

式中：L_{max}——混凝土泵最大水平输送距离（m）；

    P_e——混凝土泵额定工作压力（MPa）；

    P_f——混凝土泵送系统附件及泵体内部压力损失（MPa）；

    ΔP_H——混凝土在水平输送管内流动每米产生的压力损失。

3）根据产品的性能表（曲线）确定。

（6）混凝土泵不宜采用接力输送的方式。当必须采用接力泵输送混凝土时，接力泵的设置位置应使上、下泵的输送能力匹配。对设置接力泵的结构部位应进行承载力验算，必要时应采取加固措施。

（7）混凝土泵骨料斗内应设置网筛，防止粒径过大骨料或异物入泵造成堵塞，同时可防止人员误入骨料斗内造成伤害。

4.3.4 混凝土运输车的选配

当混凝土泵连续作业时，每台混凝土泵所需要配备的混凝土搅拌运输车数量 N_1，可按下式计算：

$$N_1 = \frac{Q_1}{60 V_1 \eta_V} \times \left(\frac{60 L_1}{S_0} + T_1 \right)$$

式中：N_1——混凝土搅拌运输车台数，按计算结果取整数，小数点以后的部分应进位；

Q_1——每台混凝土泵的实际平均输出量，按 JGJ/T 10 公式（3.3.2）计算（m³/h）；

V_1——每台混凝土搅拌运输车容量（m³）；

η_V——每台搅拌运输车容量折减系数，可取 0.90～0.95；

S_0——混凝土搅拌运输车平均行车速度（km/h）；

L_1——混凝土搅拌运输车往返距离（km）；

T_1——每台混凝土搅拌运输车总计停歇时间（min）。

4.3.5 混凝土输送管的选配

（1）混凝土输送管应根据工程特点、施工场地条件、混凝土浇筑方案等进行合理选型和布置。输送管布置宜平直，宜减少管道弯头用量。

（2）混凝土输送管规格应根据粗骨料最大粒径、混凝土输出量和输送距离以及拌合物性能等进行选择。宜符合表 4.3.5-1 的规定。

混凝土输送管最小内径要求 表 4.3.5-1

粗骨料最大粒径（mm）	输送管最小内径（mm）
25	125
40	150

（3）混凝土输送管强度应满足泵送要求，不得有龟裂、空洞、凸凹损伤和弯折等缺陷。应根据最大泵送压力计算出最小壁厚值。

（4）管接头应具有足够的强度，并能快速拆装，其密封结构应严密可靠。

4.3.6 布料设备的选配

（1）布料设备的选型与布置应根据浇筑混凝土的平面尺寸、配管、布料半径等要求确定，并应与混凝土输送泵匹配。

（2）布料设备的输送管最小内径宜符合表 4.3.5-1 的规定。

（3）布料设备的作业半径宜覆盖整个混凝土浇筑范围。

4.4 混凝土泵管的固定

（1）混凝土输送泵的安放：混凝土泵安装场地应平整坚实、道路通畅、接近排水设施、便于配管。

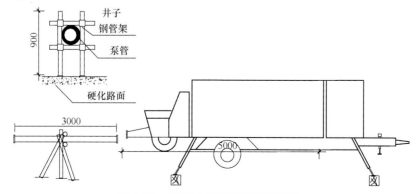

图 4.4-1 混凝土输送泵支设示意图

（2）输送泵安放处道路用 C15 混凝土硬化，输送泵出口处用钢管搭设十字架以固定泵管。冬期施工时，应对输送泵进行封闭，并对泵管进行保温。

（3）垂直向上浇筑混凝土时，地面水平管折算长度不宜小于垂直管长度的 1/5，且不宜小于 15m；垂直泵送高度超过 100m 时，混凝土泵机出料口处宜设置截止阀。

（4）倾斜或垂直向下泵送施工时，且高差大于 20m 时，应在倾斜或垂直下端设置弯管或水平管，弯管和水平管折算长度不宜小于 1.5 倍高差。

（5）混凝土输送泵管的固定应可靠稳定。用于水平输送的管路应采取支架固定；用于垂直输送的管路支架应与结构牢固连接。支架不得支承在脚手架上，并应符合下列规定：

① 水平管的固定支架宜具有一定离地高度；

② 每根垂直管应有两个或两个以上的固定点；

③ 如现场条件限制，可另搭设专用支撑架；

④ 垂直管下端的弯管不应作为支承点使用，宜设置钢支撑承受垂直管重量；

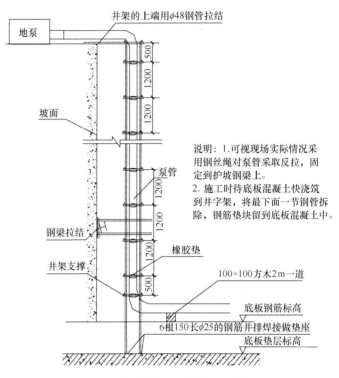

说明：1.可视现场实际情况采用钢丝绳对泵管采取反拉，固定到护坡钢梁上。
2.施工时待底板混凝土快浇筑到井字架，将最下面一节钢管拆除，钢筋垫块留到底板混凝土中。

图 4.4-2　向下浇筑时混凝土泵管布置示意图（mm）

⑤ 应严格按要求安装接口密封圈，管道接头处不得漏浆。

（6）水平泵管固定：除应符合上述要求外，泵管水平铺设固定时与结构楼板之间要加设柔性材料，以减缓对楼板的冲击。首层泵管可以设置混凝土墩固定，也可设置型钢固定。

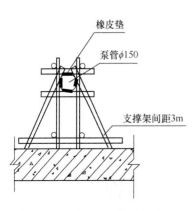

图 4.4-3　水平泵管固定示意图

图 4.4-4　水平泵管固定

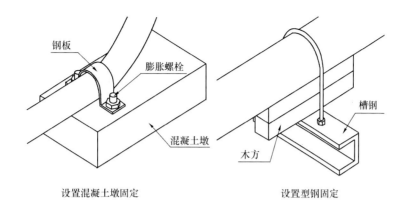

设置混凝土墩固定   设置型钢固定

图 4.4-5 首层泵管加固详图

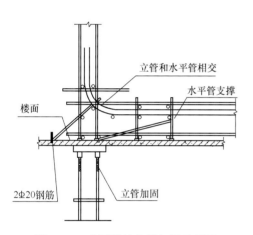

图 4.4-6 水平管转立管加固示意图

图 4.4-7 水平管转立管加固（靠墙加固）

图 4.4-8 水平管转立管加固（独立加固）

图 4.4-9 立管楼层固定

（7）泵管穿楼板时固定见图4.4-10、图4.4-11。

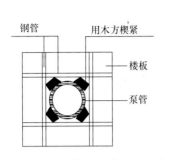

图 4.4-10　泵管竖向锚固平面图

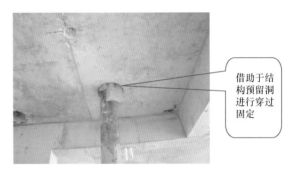

图 4.4-11　立管楼板位置加固实体图

（8）浇筑梁板层水平泵管支设：浇筑梁板层混凝土时水平泵管的支点宜支设在梁的支座处或墙体顶部，以免造成楼板变形。

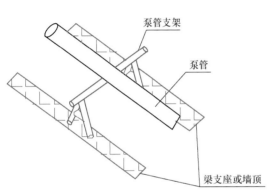

图 4.4-12　浇筑梁板层水平泵管支设示意图

图 4.4-13　浇筑梁板层水平泵管支设现场效果图

（9）冬期施工泵管保温：混凝土输送管要用防火保温被包裹保温，外包塑料布封严作双层保温，尽可能减少混凝土热量损失，保证混凝土有较高入模温度。

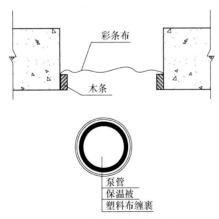

图 4.4-14　冬期施工混凝土泵管保温设计

图 4.4-15　冬期施工混凝土泵管保温现场

5 混 凝 土 浇 筑

5.1 浇筑前的准备工作

5.1.1 技术准备

（1）确定混凝土浇筑路线，绘制浇筑路线图。当采用输送管输送混凝土时，宜由远而近浇筑；同一区域的混凝土，应先浇筑竖向构件，后浇筑水平结构的顺序分层连续浇筑。当浇筑区域结构平面有高差时，宜先浇筑低区部分，再浇筑高区部分。计算分层、分块、接茬时间，标明混凝土浇筑顺序，以确保混凝土接茬不超过初凝时间。

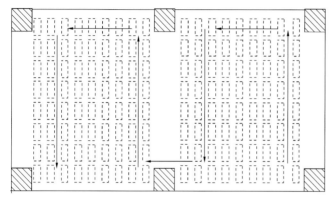
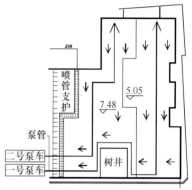

图 5.1.1-1　混凝土浇筑线路图示例　　　图 5.1.1-2　混凝土浇筑线路图示例

（2）做好技术交底工作。交底不是形式化地把技术交底发给施工队，而是要把交底内容教给施工班组人员，让施工班组人员知道怎么做；同时也要交给项目相关管理人员。交底的形式宜为书面交底和现场交底结合。书面交底推荐采用图、表、文并茂形式，忌全是文字叙述，走形式化。内容包括施工前的准备、材料试验、配合比设计、计量器具、施工方法等。如需留置施工缝时，应按指定位置及采取适当节点构造，并应符合设计要求和施工规范规定、质量标准等。

（3）钢筋、模板及模板支撑经监理（甲方）验收完成，各种需报验手续已经签字完成。

5.1.2 物资准备

混凝土泵、泵管铺设、承台或塔式起重机、吊斗已经准备（或调试）好。浇筑混凝土的人员（包括试验工、水电工、振捣工等）、机具（包括振动棒、电箱等）、冬雨等季节性施工的保温覆盖材料、水、电（需要调试的必须预先调试好）等已经安排就位。

5.2 浇筑条件

（1）钢筋、模板及模板支撑等经监理（甲方）验收完成，各种需报验资料已经签字完成返回。

（2）混凝土浇筑令、开盘鉴定等相关准备资料签认完毕。

（3）木模应浇水润湿，并将缝隙塞严，金属模板预留孔洞应堵塞严密，以防漏浆。

（4）浇筑混凝土前，应清除模板内的垃圾、木片、刨花、锯屑、泥土等杂物，确保模板内干净，钢筋上的污染物应清除干净。将模板缝隙塞严，金属模板预留孔洞应堵塞严密，以防漏浆，脱模剂涂刷应均匀。

图 5.2-1　空压机吹尘

图 5.2-2　吸尘器吸尘

5.3　混凝土浇筑

5.3.1　混凝土浇筑一般规定

（1）混凝土浇筑前，应清除模板内以及垫层上的杂物，表面干燥的地基土、垫层、木模板应浇水湿润。

（2）当夏季天气炎热时，混凝土拌合物入模温度不应高于 35℃，宜选择晚间或夜间浇筑混凝土；现场温度高于 35℃时，宜对金属模板进行浇水降温，但不得留有积水，并宜采用遮挡措施避免阳光照射金属模板。

（3）当冬期施工时，混凝土拌合物入模温度不应低于 5℃，并应有保温措施。

（4）在浇筑过程中，应有效控制混凝土的均匀性、密实性和整体性。混凝土宜一次连续浇筑。

（5）不同配合比或不同强度等级泵送混凝土在同一时间段交替浇筑时，输送管道中的混凝土不得混入其他不同配合比或不同强度等级混凝土。

（6）混凝土输送泵的泵压应与混凝土拌合物特性和泵送高度相匹配；泵送混凝土的输送管道应支撑稳定，不漏浆，冬期应有保温措施，夏季施工现场温度超过 40℃时，应有隔热措施。

（7）当混凝土自由坍落高度大于 3.0m 时，宜采用串筒、溜管或振动溜管等辅助设备。柱、墙模板内的混凝土浇筑不得发生离析，倾落高度应符合表 5.3.1-1 的规定；当不能满足要求时，应加设串筒、溜管、溜槽等装置。

柱、墙模板内混凝土浇筑倾落高度限值（m）　　　　　　　　　表 5.3.1-1

条　件	浇筑倾落高度限值
粗骨料粒径大于 25mm	≤3
粗骨料粒径小于等于 25mm	≤6

（8）浇筑竖向尺寸较大的结构物时，应分层浇筑，上层混凝土应在下层混凝土初凝之前浇筑完毕。每层浇筑厚度宜控制在 300mm～350mm；混凝土的分层浇筑厚度应有控制措施。

图 5.3.1-1　用标尺杆控制混凝土分层厚度　　　图 5.3.1-2　振捣棒上做标记，控制振捣深度

（9）大体积混凝土宜采用斜面分层浇筑方法，也可采用全面分层、分块分层浇筑方法，层与层之间的混凝土浇筑的间歇时间应能保证混凝土连续浇筑进行（详见本章第 8 节大体积混凝土施工）。

（10）对于清水混凝土浇筑，可多安排振捣棒，应边浇筑混凝土边振捣，宜连续成型。

（11）墙体、柱混凝土浇筑前宜在底部先铺≤30mm 厚混凝土同配比砂浆，为使铺设厚度均匀，应用铁锹下料，铺放时间应根据同配比砂浆的初凝时间及混凝土的浇筑速度确定；确保在同强度等级水泥砂浆初凝前本部位的混凝土浇筑完成。如果浇筑面大，浇筑速度慢，可以分次进场及铺设同配比砂浆。

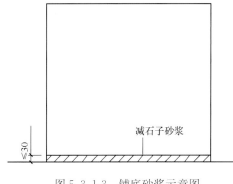

图 5.3.1-3　铺底砂浆示意图　　　　　　图 5.3.1-4　人工铺底砂浆

（12）应在门窗洞口两边均匀下料，振捣棒应距离门窗洞口两边 200mm，且同时振捣。

（13）梁板、墙柱整体浇筑时，为避免裂缝，要特别注意在墙柱浇筑完毕后，要停歇1h～1.5h，使墙柱混凝土达到一定强度后再浇筑梁板混凝土。

（14）为防止上部墙柱模板支设底部不平，缝隙过大，造成混凝土浇筑时烂根，在顶板（或基础底板）混凝土浇筑后，要加强顶板在墙柱根部200mm范围内的混凝土二次压面，用木抹子将墙柱根部拉线找平压光，墙体两边及柱四周高度保持一致。

（15）振捣混凝土时注意不要碰撞预留孔洞模板、箍筋、预埋件等，以确保其位置准确。

5.3.2 泵送混凝土浇筑应符合下列规定

（1）宜根据结构形状及尺寸、混凝土供应、混凝土浇筑设备、场地内外条件等划分每台输送泵的浇筑区域及浇筑顺序；

（2）采用输送管浇筑混凝土时，宜由远而近浇筑；采用多根输送管同时浇筑时，其浇筑速度宜保持一致；

（3）润滑输送管的水泥砂浆用于湿润结构施工缝时，水泥砂浆应与混凝土浆液成分相同；接浆厚度≤30mm，多余水泥砂浆应收集后运出；

（4）混凝土泵送浇筑应连续进行；当混凝土不能及时供应时，应采取间歇泵送方式；

（5）混凝土浇筑后，应清洗输送泵和输送管。

5.3.3 墙、柱与顶板梁混凝土强度不同时的处理

柱、墙混凝土设计强度等级高于梁、板混凝土设计强度等级时，混凝土浇筑应符合下列规定：

（1）柱、墙混凝土设计强度比梁、板混凝土设计强度高一个等级时，柱、墙位置梁、板高度范围内的混凝土经设计单位同意，可采用与梁、板混凝土设计强度等级相同的混凝土进行浇筑；

（2）柱、墙混凝土设计强度比梁、板混凝土设计强度高两个等级及以上时，应在交界区域采取分隔措施；分隔位置应在低强度等级的构件中，且距高强度等级构件边缘不应小于500mm；

（3）宜先浇筑高强度等级混凝土，后浇筑低强度等级混凝土。

图 5.3.1-5　墙顶板在墙柱根部 200mm 范围内的混凝土二次压面

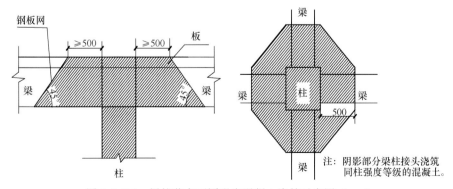

图 5.3.3-1　梁柱节点不同强度混凝土浇筑示意图（mm）

162

5.4 混凝土振捣

5.4.1 一般规定

(1) 混凝土振捣应能使模板内各个部位混凝土密实、均匀，不应漏振、欠振、过振。

(2) 混凝土振捣应采用插入式振捣棒、平板振动器或附着振动器，必要时可采用人工辅助振捣。

(3) 应根据混凝土拌合物特性及混凝土结构、构件或制品的制作方式选择适当的振捣方式和振捣时间。

(4) 混凝土振捣宜采用机械振捣，当施工无特殊振捣要求时，可采用振捣棒进行捣实，插入间距不应大于振捣棒振动作用半径的一倍，连续多层浇筑时，振捣棒应插入下层拌合物约50mm进行振捣；当浇筑厚度不大于200mm的表面积较大的平面结构或构件时，宜采用表面振动成型；当采用干硬性混凝土拌合物浇筑成型混凝土制品时，宜采用振动台或表面加压振动成型。

5.4.2 混凝土分层振捣的最大厚度要求及时间

(1) 振捣时间宜按拌合物稠度和振捣部位等不同情况，控制在10s～30s内，当混凝土拌合物表面出现泛浆，基本无气泡逸出，可视为捣实。

(2) 混凝土分层振捣的最大厚度应符合表5.4.2-1的要求。

混凝土分层振捣的最大厚度   表 5.4.2-1

振捣方法		混凝土分层振捣最大厚度
插入式振捣		振捣棒作用部分长度的1.25倍
表面振动		200mm
附着振动器		根据设置方式，通过试验确定
人工振捣	在基础、无筋混凝土或配筋稀疏的结构中	250mm
	在梁、墙板、柱结构中	200mm
	在配筋密列的结构中	150mm

5.4.3 振捣棒振捣混凝土要求

振捣棒振捣混凝土应符合下列规定：

(1) 应按分层浇筑厚度分别进行振捣，振捣棒的前端应插入前一层混凝土中，插入深度不应小于50mm；

(2) 振捣棒应垂直于混凝土表面并快插慢拔均匀振捣；当混凝土表面无明显塌陷、有水泥浆出现、不再冒气泡时，可结束该部位振捣；

(3) 振捣棒与模板的距离不应大于振捣棒作用半径的50%；振捣插点间距不应大于振捣棒的作用半径的1.4倍。

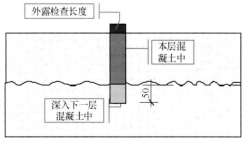

图 5.4.3-1 混凝土振捣棒振捣示意图

5.4.4 平板振动器振捣混凝土要求

平板振动器振捣混凝土应符合下列规定：

（1）平板振动器振捣应覆盖振捣平面边角；

（2）平板振动器移动间距应覆盖已振实部分混凝土边缘；

（3）振捣倾斜表面时，应由低处向高处进行振捣。

5.4.5 附着式振动器振捣混凝土要求

附着振动器振捣混凝土应符合下列规定：

（1）附着振动器应与模板紧密连接，设置间距应通过试验确定；

（2）附着振动器应根据混凝土浇筑高度和浇筑速度，依次从下往上振捣；

（3）模板上同时使用多台附着振动器时应使各振动器的频率一致，并应交错设置在相对面的模板上。

5.4.6 特殊部位的混凝土应采取的加强振捣措施

（1）宽度大于0.3m的预留洞底部区域，应在洞口两侧进行振捣，并应适当延长振捣时间，宽度大于0.8m的洞口底部，应采取特殊的技术措施；

（2）后浇带及施工缝边角处应加密振捣点，并应适当延长振捣时间；

（3）钢筋密集区域或型钢与钢筋结合区域，应选择小型振捣棒辅助振捣、加密振捣点，并应适当延长振捣时间；

（4）基础大体积混凝土浇筑流淌形成的坡脚，不得漏振。

图 5.4.6-1 门窗洞口下料振捣示意图

6 施工缝与后浇带

6.1 施工缝的留置位置

6.1.1 一般规定

（1）施工缝和后浇带的留设位置应在混凝土浇筑前确定。施工缝和后浇带宜留设在结构受剪力较小且便于施工的位置。受力复杂的结构构件或有防水抗渗要求的结构构件，施工缝留设位置应经设计单位确认。

（2）施工缝、后浇带留设界面，应垂直于结构构件和纵向受力钢筋。结构构件厚度或高度较大时，施工缝或后浇带界面宜采用专用材料封挡。

（3）混凝土浇筑过程中，因特殊原因需临时设置施工缝时，施工缝留设应规整，并宜垂直于构件表面，必要时可采取增加插筋、事后修凿等技术措施。

（4）施工缝和后浇带应采取钢筋防锈或阻锈等保护措施。

6.1.2 水平施工缝的留设位置

水平施工缝的留设位置应符合下列规定：

（1）柱、墙施工缝可留设在基础、楼层结构顶面，柱施工缝与结构上表面的距离宜为0mm～100mm，墙施工缝与结构上表面距离宜为 0mm～300mm。

（2）柱、墙施工缝也可留设在楼层结构底面，墙柱水平施工缝宜留设在楼板底向上20mm～25mm，待剔掉软弱层后，施工缝处于楼板底向上5mm处。

（3）高度较大的柱、墙、梁以及厚度较大的基础，可根据施工需要在其中部留设水平施工缝；当施工缝留设改变受力状态而需要调整构件配筋时，应经设计单位确认。

（4）特殊结构部位留设水平施工缝应经设计单位确认。

6.1.3 竖向施工缝和后浇带的留设位置

竖向施工缝和后浇带的留设位置应符合下列规定：

（1）有主次梁的楼板施工缝应留设在次梁跨度中间1/3范围内。

（2）单向板施工缝应留设在与跨度方向平行的任何位置。

（3）楼梯梯段施工缝宜设置在梯段板跨度端部的1/3范围内。

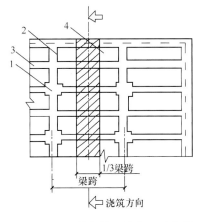

图 6.1.3-1　楼板施工缝留置示意图　　图 6.1.3-2　楼梯施工缝留置位置示意图

1—柱；2—主梁；3—次梁；4—施工缝

（4）墙的施工缝宜设置在门洞口连梁跨中1/3范围内，也可留设在纵横交接处。

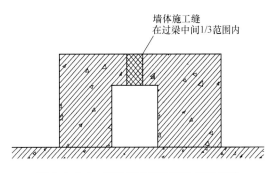

图 6.1.3-3　楼梯施工缝现场留置效果图　　图 6.1.3-4　连梁施工缝留置位置示意图

（5）后浇带留设位置应符合设计要求。

（6）特殊结构部位留设竖向施工缝应经设计单位确认。

6.1.4 防水混凝土施工缝留设位置

防水混凝土应连续浇筑，宜少设施工缝。当留置施工缝时应符合下列要求：

（1）墙体水平施工缝应留置在高出底板表面不小于 300mm 的墙体上（人防工程时不小于 500mm）。拱、板与墙结合的水平施工缝，宜设置在拱、板与墙交接处以下 150mm ～300mm 处。

（2）墙体有预留孔洞时，施工缝距离孔洞边缘不应小于 300mm。

（3）垂直施工缝应避开地下水和裂隙较多的部位，并宜与变形缝相结合。

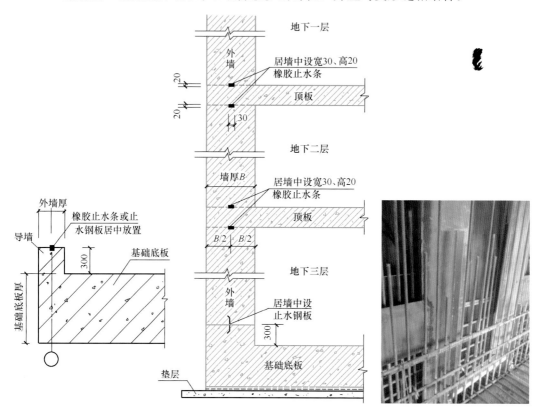

图 6.1.4-1　外墙施工缝留置及处理参考图（mm）　　图 6.1.4-2　外墙施工缝处理

图 6.1.4-3　外墙施工缝处理

图 6.1.4-4　地下室外墙施工缝

6.1.5 设备基础施工缝留设位置

设备基础施工缝留设位置应符合下列规定：

（1）水平施工缝应低于地脚螺栓底端，与地脚螺栓底端的距离应大于150mm；当地脚螺栓直径小于30mm时，水平施工缝可留设在深度不小于地脚螺栓埋入混凝土部分总长度的3/4处。

（2）竖向施工缝与地脚螺栓中心线的距离不应小于250mm，且不应小于螺栓直径的5倍。

6.1.6 承受动力作用的设备基础施工缝留设位置

承受动力作用的设备基础施工缝留设位置应符合下列规定：

（1）标高不同的两个水平施工缝，其高低结合处应留设成台阶形，台阶的高宽比不应大于1.0。

（2）竖向施工缝或台阶形施工缝的断面处应加插钢筋，插筋数量和规格应由设计确定。

（3）施工缝的留设应经设计单位确认。

6.2 施工缝的处理

6.2.1 一般规定

（1）在施工缝处继续浇筑混凝土时，已浇筑的混凝土抗压强度不应小于1.2MPa。

（2）施工缝应剔除软弱层及松动石子、松动混凝土，木条等杂物，露出密实混凝土。

（3）施工缝处碎渣等应清理干净，外露钢筋插铁所沾灰浆、油污应清刷干净，接茬处理应到位，接缝平实。

（4）施工缝可根据不同部位分为水平和竖向施工缝，浇筑混凝土墙应该区别对待。

6.2.2 水平施工缝处理

（1）墙柱根部水平施工缝，施工墙柱前，在硬化的顶板混凝土表面上，清除水泥浮浆、松动石子，并充分湿润和冲洗干净，且不得有积水。为确保施工缝浇筑成型质量，宜先将墙柱边线和模板控制线弹好，并在墙主边线内3mm～5mm处弹线，用云石机切割约5mm～10mm深，再进行剔凿。

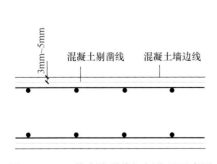

图6.2.2-1 剪力墙弹线切割位置示意图

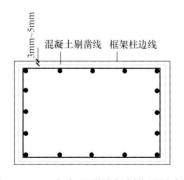

图6.2.2-2 框架柱弹线切割位置示意图

（2）墙柱顶部水平施工缝，施工梁板墙，将已硬化的墙柱顶面混凝土上的水泥浮浆、松动石子和软弱混凝土层剔除，并充分湿润和冲洗干净；为更好地确保施工缝浇筑质量，

图 6.2.2-3 剪力墙施工缝切割

图 6.2.2-4 框架柱水平施工缝处理效果

图 6.2.2-5 剪力墙水平施工缝处理效果图（一）

图 6.2.2-6 剪力墙水平施工缝处理效果图（二）

图 6.2.2-7 层间接茬混凝土处理

图 6.2.2-8 框架柱施工缝处理效果图及标识

宜先将顶板板底标高线弹出，并在其上 5mm 处弹线，用无齿锯切割，深度为 10mm，剔凿时剔到此位置，严禁剔凿超过此线（避免浇筑顶板混凝土时漏浆、接茬明显）。

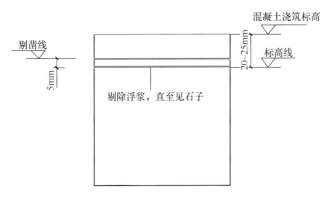

图 6.2.2-9　墙柱顶部施工缝位置剔凿示意图　　　图 6.2.2-10　柱顶部施工缝位置现场切割

6.2.3　竖向施工缝处理

（1）墙体和顶板竖向施工缝处应将施工缝模板遗留的铁丝网或木板条剔除掉，并将松动石子和水泥浮浆剔除，并充分湿润和冲洗干净，浇筑混凝土前，在施工缝处铺一层与混凝土内成分相同的水泥砂浆。

（2）墙、板、楼梯施工缝均应弹线，按线用无齿锯切割，深度为 10mm。

图 6.2.3-1　顶板施工缝处理　　　　　图 6.2.3-2　梁施工缝处理效果图

图 6.2.3-3　基础底板后浇带施工缝处理效果图　　图 6.2.3-4　地下室外墙后浇带施工缝处理效果图

6.3 施工缝或后浇带处混凝土浇筑

6.3.1 一般规定

（1）结合面应为粗糙面，并应清除浮浆、松动石子、软弱混凝土层。

（2）结合面处应洒水湿润，但不得有积水。

（3）施工缝处已浇筑混凝土的强度不应小于1.2MPa。

（4）柱、墙水平施工缝水泥砂浆接浆层厚度不应大于30mm，接浆层水泥砂浆应与混凝土浆液成分相同。

（5）后浇带混凝土强度等级及性能应符合设计要求；当设计无具体要求时，后浇带强度等级宜比两侧混凝土提高一级，并宜采用减少收缩的技术措施。

（6）施工缝处严禁无接浆浇筑混凝土；混凝土应仔细捣实，使新旧混凝土紧密结合。

7 混凝土收面与养护

7.1 混凝土收面

混凝土收面要控制好时间，保证收面拉毛的效果，防止裸露混凝土表面产生塑性收缩裂缝，在混凝土初凝前和终凝前，分别对混凝土裸露表面进行抹面处理。每次抹面可采用铁抹子压光磨平两遍或木抹子磨平搓毛两遍的工艺方法。对于易产生裂缝的结构部位，应适当增加抹面次数。

图 7.1-1 顶板混凝土浇筑标高控制

图 7.1-2 顶板混凝土浇筑刮杠刮平

图 7.1-3 人工抹平

图 7.1-4 机械磨平

图 7.1-5　板混凝土扫毛　　　　　　图 7.1-6　板混凝土收面效果

图 7.1-7　混凝土收面后覆膜养护（一）　　　图 7.1-8　混凝土收面后覆膜养护（二）

7.2　混凝土的养护

7.2.1　养护方法

（1）生产和施工单位应根据结构、构件或制品情况、环境条件、原材料情况以及对混凝土性能要求等，提出施工养护方案或生产养护制度，并应严格执行。

（2）混凝土浇筑后应及时进行保湿养护，保湿养护可采用洒水、覆盖、喷涂养护剂等方式。养护方式应根据现场条件、环境温湿度、构件特点、技术要求、施工操作等因素确定。

（3）对于混凝土浇筑面，尤其是平面结构，宜边浇筑成型边采用塑料薄膜覆盖保湿。当混凝土表面不便浇水或用塑料布时，宜涂刷养护剂。

（4）洒水养护应符合下列规定：

① 洒水养护宜在混凝土裸露表面覆盖麻袋或草帘后进行，也可采用直接洒水、蓄水等养护方式，洒水养护应保证混凝土表面处于湿润状态；

② 当日气温低于5℃时，不得浇水。

（5）覆盖养护应符合下列规定：

① 覆盖养护宜在混凝土裸露表面覆盖塑料薄膜、塑料薄膜加麻袋片、塑料薄膜加草

帘进行；

② 塑料薄膜应紧贴混凝土裸露表面，塑料薄膜内应保持有凝结水；

③ 覆盖物应严密，覆盖物的层数应按施工方案确定；

④ 采用养护剂养护时，应通过试验检验养护剂的保湿效果。

（6）喷涂养护剂养护应符合下列规定：

① 应在混凝土裸露表面喷涂致密的养护剂进行养护；

② 养护剂应均匀喷涂在结构构件表面，不得漏喷；养护剂应具有可靠的保湿效果，保湿效果可通过试验检验；

③ 养护剂使用方法应符合产品说明书的有关要求。

（7）柱、墙混凝土养护方法应符合下列规定：

① 地下室底层和上部结构首层柱、墙混凝土带模养护时间，不应少于3d；带模养护结束后可采用洒水养护方式继续养护，也可采用覆盖养护或喷涂养护剂养护方式继续养护。

② 其他部位柱、墙混凝土可采用洒水养护，也可采用覆盖养护或喷涂养护剂养护。

7.2.2　养护开始时间

（1）混凝土养护宜从初凝后开始养护，但要以不冲刷混凝土表面为宜。

（2）对不掺减水剂的混凝土，由于早期收缩很小，起始养护时间对早期开裂的影响较小，单从抑制收缩的角度来考虑，并不需要采取特别的养护措施。但对掺减水剂的混凝土，起始养护时间对早期收缩的影响十分显著，特别是初凝后的8h，是收缩的急剧增加期，若根据现行规范在浇筑后12h才开始养护，有可能失去最佳养护时间。

7.2.3　浇水养护次数

（1）混凝土浇水养护的次数应根据天气情况确定，以保持混凝土处于湿润状态为次数控制原则。

（2）混凝土养护用水与拌制用水相同。

7.2.4　养护时间

混凝土的养护时间应符合下列规定：

（1）采用硅酸盐水泥、普通硅酸盐水泥或矿渣硅酸盐水泥配制的混凝土，养护时间不得少于7d；采用其他品种水泥时，养护时间应根据水泥性能确定。

（2）对于采用粉煤灰硅酸盐水泥、火山灰质硅酸盐水泥、复合硅酸盐水泥配制的混凝土，或掺缓凝剂的混凝土以及大掺量矿物掺合料混凝土，采用浇水和潮湿覆盖的养护时间不得少于14d。

（3）采用缓凝型外加剂、大掺量矿物掺合料配制的混凝土，不应少于14d。

（4）抗渗混凝土、强度等级C60及以上的混凝土，不应少于14d。

（5）后浇带混凝土的养护时间不应少于28d。

（6）地下室底层墙、柱和上部结构首层墙、柱宜适当增加养护时间。

（7）大体积混凝土养护时间应根据施工方案确定。并应根据气候条件按施工技术方案采取控温措施。

（8）对于竖向混凝土结构，养护时间宜适当延长。

7.2.5　冬期施工混凝土养护

对于冬期施工的混凝土，养护应符合下列规定：

（1）日均气温低于5℃时，不得采用浇水自然养护方法。

（2）混凝土受冻前的强度不得低于5MPa。

（3）模板和保温层应在混凝土冷却到5℃方可拆除，或在混凝土表面温度与外界温度相差不大于20℃时拆模，拆模后的混凝土亦应及时覆盖，使其缓慢冷却。

（4）混凝土强度达到设计强度等级的50％时，方可撤除养护措施。

7.2.6　养护照片

图7.2.6-1　独立柱覆膜养护

图7.2.6-2　顶板洒水养护

图7.2.6-3　混凝土板麻袋片覆盖养护

图7.2.6-4　混凝土塑料薄膜覆盖养护

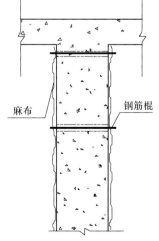
图7.2.6-5　墙体覆膜养护设计示意图

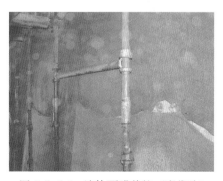
图7.2.6-6　墙体覆膜养护（麻袋片）

8 大体积混凝土施工

大体积混凝土是指混凝土结构物实体最小几何尺寸不小于1m的大体量混凝土，或预计会因混凝土中胶凝材料水化引起的温度变化和收缩而导致有害裂缝产生的混凝土。

8.1 一般规定

（1）大体积混凝土施工应编制施工组织设计或施工技术方案；方案编制参照《大体积混凝土施工规范》GB 50496 要求。

（2）大体积混凝土工程施工前，宜对施工阶段大体积混凝土浇筑体的温度、温度应力及收缩应力进行试算，并确定施工阶段大体积混凝土浇筑体的升温峰值、里表温差及降温速率的控制指标，制定相应的温控技术措施。

（3）大体积混凝土施工前，应做好各项施工前准备工作，并与当地气象台、站联系，掌握近期气象情况。必要时，应增添相应的技术措施，在冬期施工时，尚应符合国家现行有关混凝土冬期施工的标准。

（4）大体积混凝土的制备和运输，除应符合设计混凝土强度等级的要求外，尚应根据预拌混凝土运输距离、运输设备、供应能力、材料批次、环境温度等调整预拌混凝土的有关参数。

8.2 温控指标

温控指标宜符合下列规定：
（1）混凝土浇筑体在入模温度基础上的温升值不宜大于50℃；
（2）混凝土浇筑块体的里表温差（不含混凝土收缩的当量温度）不宜大于25℃；
（3）混凝土浇筑体的降温速率不宜大于2.0℃/d；
（4）混凝土浇筑体表面与大气温差不宜大于20℃。

8.3 配合比设计要求

（1）大体积混凝土配合比的设计除应符合工程设计所规定的强度等级、耐久性、抗渗性、体积稳定性等要求外，尚应符合大体积混凝土施工工艺特性的要求，并应符合合理使用材料、减少水泥用量、降低混凝土绝热温升值的要求。

（2）配制大体积混凝土所用水泥的选择及其质量，应符合下列规定：

① 应选用中、低热硅酸盐水泥或低热矿渣硅酸盐水泥，大体积混凝土施工所用水泥其3d的水化热不宜大于240kJ/kg，7d的水化热不宜大于270kJ/kg；

② 当混凝土有抗渗指标要求时，所用水泥的铝酸三钙含量不宜大于8%。

（3）大体积混凝土配合比设计，除应符合现行国家现行标准《普通混凝土配合比设计规范》JGJ 55—2011外，尚应符合下列规定：

① 采用混凝土60d或90d强度作为指标时，应将其作为混凝土配合比的设计依据；

② 所配制的混凝土拌合物，到浇筑工作面的坍落度不宜大于160mm；

③ 拌合水用量不宜大于175kg/m³；

④ 粉煤灰掺量不宜超过胶凝材料用量的 40％；矿渣粉的掺量不宜超过胶凝材料用量的 50％；粉煤灰和矿渣粉掺合料的总量不宜大于混凝土中胶凝材料用量的 50％；

⑤ 水胶比不宜大于 0.50；

⑥ 砂率宜为 35％～42％。

8.4 施工缝

（1）大体积混凝土施工设置水平施工缝时，除应符合设计要求外，尚应根据混凝土浇筑过程中温度裂缝控制的要求、混凝土的供应能力、钢筋工程的施工、预埋管件安装等因素确定其间歇时间。

（2）大体积混凝土施工采取分层间歇浇筑混凝土时，水平施工缝的处理应符合下列规定：

① 在已硬化的混凝土表面，应清除表面的浮浆、软弱混凝土层及松动的石子，并均匀地露出粗骨料；

② 在上层混凝土浇筑前，用压力水冲洗混凝土表面的污物，充分润湿，但不得有积水；

③ 混凝土应振捣密实，并应使新旧混凝土紧密结合；

④ 对非泵送及低流动度混凝土，在浇筑上层混凝土时，应采取接浆措施。

⑤ 其他参见本章 6.1。

8.5 施工技术准备

（1）大体积混凝土施工前应进行图纸会审，提出施工阶段的综合抗裂措施，制订关键部位的施工作业指导书。

（2）大体积混凝土施工应在混凝土的模板和支架、钢筋工程、预埋管件等工作完成并验收合格的基础上进行。

（3）施工现场设施应按施工总平面布置图的要求按时完成，场区内道路应坚实平坦，必要时，应与市政、交管等部门协调，制订场外交通临时疏导方案。

（4）施工现场的供水、供电应满足混凝土连续施工的需要，当有断电可能时，应有双路供电或自备电源等措施。

（5）大体积混凝土的供应能力应满足混凝土连续施工的需要，不宜低于单位时间所需量的 1.2 倍。

（6）用于大体积混凝土施工的设备，在浇筑混凝土前应进行全面的检修和试运转，其性能和数量应满足大体积混凝土连续浇筑的需要。

（7）混凝土的测温监控设备宜按《大体积混凝土施工规范》GB 50496 的有关规定配置和布设，标定调试应正常，保温用材料应齐备，并应派专人负责测温作业管理。

（8）大体积混凝土施工前，应对工人进行专业培训，并应逐级进行技术交底，同时应建立严格的岗位责任制和交接班制度。

8.6 混凝土浇筑

（1）混凝土的浇筑厚度应根据所用振捣器的作用深度及混凝土的和易性确定，整体连续浇筑时宜为300mm～500mm。

（2）整体分层连续浇筑或推移式连续浇筑，应缩短间歇时间，并在前层混凝土初凝之前将次层混凝土浇筑完毕。层间最长的间歇时间不应大于混凝土的初凝时间。混凝土的初凝时间应通过试验确定。当层间间隔时间超过混凝土的初凝时间时，层面应按施工缝处理。

（3）混凝土浇筑宜从低处开始，沿长边方向自一端向另一端进行。当混凝土供应量有保证时，亦可多点同时浇筑。

（4）混凝土宜采用二次振捣工艺。

（5）大体积混凝土工程的施工宜采用整体分层连续浇筑施工或推移式连续浇筑施工。

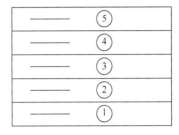

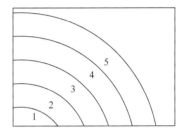

图8.6-1　整体分层连续浇筑施工　　　　图8.6-2　推移式连续浇筑施工

（6）在大体积混凝土浇筑过程中，应采取防止受力钢筋、定位筋、预埋件等移位和变形的措施，并及时清除混凝土表面的泌水。

（7）大体积混凝土浇筑面应及时进行二次抹压处理。

（8）基础大体积混凝土结构浇筑应符合下列规定：

① 采用多条输送泵管浇筑时，输送泵管间距不宜大于10m，并宜由远而近浇筑；

② 采用汽车布料杆输送浇筑时，应根据布料杆工作半径确定布料点数量，各布料点浇筑速度应保持均衡；

③ 宜先浇筑深坑部分再浇筑大面积基础部分；

④ 宜采用斜面分层浇筑方法，也可采用全面分层、分块分层浇筑方法，层与层之间混凝土浇筑的间歇时间应能保证混凝土浇筑连续进行；

⑤ 混凝土分层浇筑应采用自然流淌形成斜坡，并应沿高度均匀上升，分层厚度不宜大于500mm；

⑥ 混凝土浇筑后，在混凝土初凝前和终凝前，宜分别对混凝土裸露表面进行抹面处理；抹面次数并应适当增加；

⑦ 应有排除积水或混凝土泌水的有效技术措施。

8.7　混凝土养护

8.7.1　大体积混凝土应进行保温保湿养护，在每次混凝土浇筑完毕后，除应按普通混凝土进行常规养护外，尚应及时按温控技术措施的要求进行保温养护，并应符合下列规定：

（1）应有专人负责保温养护工作，并应按《大体积混凝土施工规范》GB 50496的有关规定操作，同时应做好测试记录；

（2）保湿养护的持续时间不得少于 14d，应经常检查塑料薄膜或养护剂涂层的完整情况，保持混凝土表面湿润；

（3）保温覆盖层的拆除应分层逐步进行，当混凝土的表面温度与环境最大温差小于 20℃时，可全部拆除。

8.7.2 基础大体积混凝土裸露表面应采用覆盖养护方式；当混凝土浇筑体表面以内 40mm～100mm 位置的温度与环境温度的差值小于 25℃时，可结束覆盖养护。覆盖养护结束但尚未到达养护时间要求时，可采用洒水养护方式直至养护结束。

8.7.3 在混凝土浇筑完毕初凝前，宜立即进行喷雾养护工作。

8.7.4 塑料薄膜、麻袋、阻燃保温被等，可作为保温材料覆盖混凝土和模板，必要时，可搭设挡风保温棚或遮阳降温棚。在保温养护过程中，应对混凝土浇筑体的里表温差和降温速率进行现场监测，当实测结果不满足温控指标的要求时，应及时调整保温养护措施。

8.7.5 高层建筑转换层的大体积混凝土施工，应加强进行养护，其侧模、底模的保温构造应在支模设计时确定。

8.7.6 大体积混凝土拆模后，地下结构应及时回填土；地上结构应尽早进行装饰，不宜长期暴露在自然环境中。

8.8 特殊气候条件下的施工

（1）大体积混凝土施工遇炎热、冬期、大风或者雨雪天气时，必须采用保证混凝土浇筑质量的技术措施。

（2）炎热天气浇筑混凝土时，宜采用遮盖、洒水、拌冰屑等降低混凝土原材料温度的措施，混凝土入模温度宜控制在 30℃以下。混凝土浇筑后，应及时进行保湿保温养护；条件许可时，应避开高温时段浇筑混凝土。

（3）冬期浇筑混凝土，宜采用热水拌合、加热骨料等提高混凝土原材料温度的措施，混凝土入模温度不宜低于 5℃。混凝土浇筑后，应及时进行保湿保温养护。

（4）大风天气浇筑混凝土，在作业面应采取挡风措施，并增加混凝土表面的抹压次数，应及时覆盖塑料薄膜和保温材料。

（5）雨雪天不宜露天浇筑混凝土，当需施工时，应采取确保混凝土质量的措施。浇筑过程中突遇大雨或大雪天气时，应及时在结构合理部位留置施工缝，并应尽快中止混凝土浇筑；对已浇筑还未硬化的混凝土应立即进行覆盖，严禁雨水直接冲刷新浇筑的混凝土。

8.9 温控施工的现场监测与试验

8.9.1 大体积混凝土浇筑体内监测点的布置，应真实地反映出混凝土浇筑体内最高温升、里表温差、降温速率及环境温度，可按下列方式布置：

（1）监测点的布置范围应以所选混凝土浇筑体平面图对称轴线的半条轴线为测试区，在测试区内监测点按平面分层布置。

（2）在测试区内，监测点的位置与数量可根据混凝土浇筑体内温度场分布情况及温控的要求确定。

（3）在每条测试轴线上，监测点位宜不少于 4 处，应根据结构的几何尺寸布置。

（4）沿混凝土浇筑体厚度方向，必须布置外表、底面和中心温度测点，其余测点宜按测点间距不大于 600mm 布置。

（5）保温养护效果及环境温度监测点数量应根据具体需要确定。

（6）混凝土浇筑体的外表温度，宜为混凝土外表以内 50mm 处的温度。

（7）混凝土浇筑体底面的温度，宜为混凝土浇筑体底面上 50mm 处的温度。

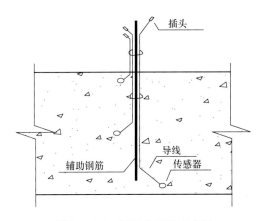

图 8.9.1-1　测温点设置示意图

图 8.9.1-2　测温点设置现场图

图 8.9.1-3　大体积混凝土测温（一）

图 8.9.1-4　大体积混凝土测温（二）

8.9.2 基础大体积混凝土测温点设置应符合下列规定：

（1）宜选择具有代表性的两个交叉竖向剖面进行测温，竖向剖面交叉位置宜通过基础中部区域。

（2）每个竖向剖面的周边以及内部应设置测温点，两个竖向剖面交叉处应设置测温点；混凝土浇筑体表面测温点应设置在保温覆盖层底部或模板内侧表面，并应与两个剖面上的周边测温点位置及数量对应；环境测温点不应少于 2 处。

（3）每个剖面的周边测温点应设置在混凝土浇筑体表面以内 40mm～100mm 位置处；每个剖面的测温点宜竖向、横向对齐；每个剖面竖向设置的测温点不应少于 3 处，间距不应小于 0.4m 且不宜大于 1.0m；每个剖面横向设置的测温点不应少于 4 处，间距不应小于 0.4m 且不应大于 10m。

（4）对基础厚度不大于 1.6m，裂缝控制技术措施完善的工程，可不进行测温。

8.9.3 柱、墙、梁大体积混凝土测温点设置应符合下列规定：

（1）柱、墙、梁结构实体最小尺寸大于 2m，且混凝土强度等级不低于 C60 时，应进行测温。

（2）宜选择沿构件纵向的两个横向剖面进行测温，每个横向剖面的周边及中部区域应设置测温点；混凝土浇筑体表面测温点应设置在模板内侧表面，并应与两个剖面上的周边测温点位置及数量对应；环境测温点不应少于 1 处。

（3）每个横向剖面的周边测温点应设置在混凝土浇筑体表面以内 40mm～100mm 位置处；每个横向剖面的测温点宜对齐；每个剖面的测温点不应少于 2 处，间距不应小于 0.4m 不宜大于 1.0m。

（4）可根据第一次测温结果，完善温差控制技术措施，后续施工可不进行测温。

8.9.4 大体积混凝土测温应符合下列规定：

（1）宜根据每个测温点被混凝土初次覆盖时的温度确定各测点部位混凝土的入模温度。

（2）浇筑体周边表面以内测温点、浇筑体表面测温点、环境测温点的测温，应与混凝土浇筑、养护过程同步进行。

（3）应按测温频率要求及时提供测温报告，测温报告应包含各测温点的温度数据、温差数据、代表点位的温度变化曲线、温度变化趋势分析等内容。

（4）混凝土浇筑体表面以内 40mm～100mm 位置的温度与环境温度的差值小于 20℃ 时，可停止测温。

8.9.5 大体积混凝土测温频率应符合下列规定：

（1）第 1 天至第 4 天，每 4h 不应少于一次。

（2）第 5 天至第 7 天，每 8h 不应少于一次。

（3）第 7 天至测温结束，每 12h 不应少于一次。

9 冬期、高温与雨期施工

9.1 一般规定

9.1.1 根据当地多年气象资料统计，当室外日平均气温连续 5 日稳定低于 5℃ 时，应采取冬期施工措施；当室外日平均气温连续 5 日稳定高于 5℃ 时，可解除冬期施工措施。当混凝土未达到受冻临界强度而气温骤降至 0℃ 以下时，应按冬期施工的要求采取应急防护措施。

9.1.2 当日平均气温达到 30℃ 及以上时，应按高温施工要求采取措施。

9.1.3 雨季和降雨期间，应按雨期施工要求采取措施。

9.1.4 混凝土冬期施工应按《建筑工程冬期施工规程》JGJ/T 104 的有关规定进行热工计算。

9.2 冬期施工

9.2.1 混凝土拌合物的出机温度不宜低于10℃，入模温度不应低于5℃；对预拌混凝土或需远距离输送的混凝土，混凝土拌合物的出机温度可根据运输和输送距离经热工计算确定，但不宜低于15℃。大体积混凝土的入模温度可根据实际情况适当降低。

9.2.2 混凝土运输、输送机具及泵管应采取保温措施。当采用泵送工艺浇筑时，应采用水泥浆或水泥砂浆对泵和泵管进行润滑、预热。混凝土运输、输送与浇筑过程中应进行测温，温度应满足热工计算的要求。

图 9.2.2-1　冬期施工期间混凝土运输罐车保温　　　图 9.2.2-2　混凝土输送泵冬期施工保温

9.2.3 混凝土浇筑前，应清除地基、模板和钢筋上的冰雪和污垢，并应进行覆盖保温。

9.2.4 混凝土分层浇筑时，分层厚度不应小于400mm。在被上一层混凝土覆盖前，已浇筑层的温度应满足热工计算要求，且不得低于2℃。

9.2.5 采用加热方法养护现浇混凝土时，应考虑加热产生的温度应力对结构的影响，并应合理安排混凝土浇筑顺序与施工缝留置位置。

9.2.6 冬期浇筑的混凝土，其受冻临界强度应符合下列规定：

（1）当采用蓄热法、暖棚法、加热法施工时，采用硅酸盐水泥、普通硅酸盐水泥配制的混凝土，不应低于设计混凝土强度等级值的30%；采用矿渣硅酸盐水泥、粉煤灰硅酸盐水泥、火山灰质硅酸盐水泥、复合硅酸盐水泥配制的混凝土时，不应低于设计混凝土强度等级值的40%。

（2）当室外最低气温不低于-15℃时，采用综合蓄热法、负温养护法施工的混凝土受冻临界强度不应低于4.0MPa；当室外最低气温不低于-30℃时，采用负温养护法施工的混凝土受冻临界强度不应低于5.0MPa。

（3）强度等级等于或高于C50的混凝土，不宜低于设计混凝土强度等级值的30%。

（4）有抗渗要求的混凝土，不宜小于设计混凝土强度等级值的50%。

（5）对有抗冻耐久性要求的混凝土，不宜低于设计混凝土强度等级值的70%。

（6）当采用暖棚法施工的混凝土中掺入早强剂时，可按综合蓄热法受冻临界强度取值。

（7）当施工需要提高混凝土强度等级时，应按提高后的强度等级确定受冻临界强度。

9.2.7 混凝土结构工程冬期施工养护应符合下列规定：

（1）当室外最低气温不低于-15℃时，对地面以下的工程或表面系数不大于 $5m^{-1}$ 的结构，宜采用蓄热法养护，并应对结构易受冻部位加强保温措施；对表面系数为 $5m^{-1}\sim15m^{-1}$ 的结构，可采用综合蓄热法养护。采用综合蓄热法养护时，混凝土中应掺加具有减水、引气性能的早强剂或早强型外加剂。

（2）对不易保温养护，且对强度增长无具体要求的一般混凝土结构，可采用掺防冻剂的负温养护法进行施工。

（3）当第（1）、（2）款不能满足施工要求时，可采用暖棚法、蒸汽加热法、电加热法等方法，但应采取降低能耗的措施。

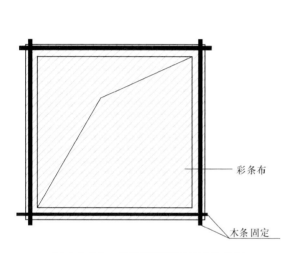

图 9.2.7-1　冬期施工洞口封堵示意图

图 9.2.7-2　冬期施工洞口封堵

9.2.8 混凝土浇筑后，对裸露表面应采取防风、保湿、保温措施，对边、棱角及易受冻部位应加强保温。在混凝土养护和越冬期间，不得直接对负温混凝土表面浇水养护。

9.2.9 模板和保温层拆除应在混凝土达到要求强度，且混凝土表面温度不高于5℃后。对墙、板等薄壁结构构件，宜延长模板拆除时间。

9.2.10 混凝土强度未达到受冻临界强度和设计要求时，应继续进行养护。当混凝土表面温度与环境温度之差大于20℃时，拆模后的混凝土表面应立即进行保温覆盖。

9.2.11 混凝土工程冬期施工应加强对骨料含水率、防冻剂掺量的检查，以及原材料、入模温度、实体温度和强度的监测；应依据气温的变化，检查防冻剂掺量是否符合配合比与防冻剂说明书的规定，并应根据需要进行配合比的调整。

9.2.12 混凝土冬期施工期间，应按国家现行有关标准的规定对混凝土拌合水温度、外加剂溶液温度、骨料温度、混凝土出机温度、浇筑温度、入模温度以及养护期间混凝土内部和大气温度进行测量。

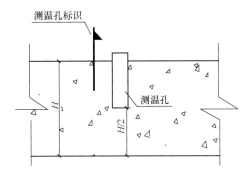

测温孔标识

测温孔

图 9.2.12-1　冬期施工混凝土养护期间测温孔设置示意图　　图 9.2.12-2　冬期施工混凝土现场测温

9.2.13　冬期期工施工混凝土强度试件的留置除应符合现行国家标准《混凝土结构工程施工质量验收规范》GB 50204 的有关规定外，尚应增设与结构同条件养护试件，养护试件不应少于 2 组。同条件养护试件应在解冻后进行试验。掺有防冻剂的混凝土，尚应增设不少于 2 组与结构同条件养护试件，其中一组用于检验受冻前混凝土强度（临界强度），另一组用于检验同条件 28d、再标准养护 28d 的混凝土强度；未掺防冻剂的混凝土，尚应增设不少于 2 组与结构同条件养护的试件，其中一组用于检验受冻前混凝土强度（临界强度），另一组用于检验转入常温养护 28d 的混凝土强度。

9.2.14　冬期施工期间，混凝土养护应有保温、保湿措施；在混凝土达到临界强度以前应对混凝土进行覆盖养护，防止混凝土受冻，尤其是接茬部位的保温要到位。

（1）墙体大钢模板外围用苯板做保温时，将苯板置于竖肋及背肋之间，保温苯板不得损坏，对边缘部位和穿墙螺杆部位的保温要固定牢固，在螺栓四周苯板处可填塞丝绵，以免形成冷桥。

图 9.2.14-1　冬期施工墙体大模板保温养护（一）

（2）墙体模板拆除后，混凝土的表面温度与环境温度之差大于 20℃时，应采用保温材料覆盖保护。

螺栓四周用
丝棉塞严

图 9.2.14-2　冬期施工墙体大模板保温养护（二）

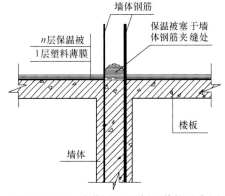

墙体钢筋

保温被塞于墙
体钢筋夹缝处

n层保温被
1层塑料薄膜

楼板

墙体

图 9.2.14-3　冬期施工混凝土养护示意图

图 9.2.14-4　冬期施工混凝土保温养护（一）

图 9.2.14-5　冬期施工混凝土保温养护（二）

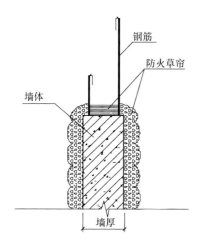

钢筋

防火草帘

墙体

墙厚

图 9.2.14-6　冬期施工洞口封堵示意图

图 9.2.14-7　冬期施工洞口封堵

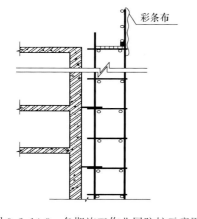

彩条布

图 9.2.14-8　冬期施工作业层防护示意图

图 9.2.14-9　冬期施工作业层防护

9.3　高温施工

9.3.1　高温施工时，对露天堆放的粗、细骨料应采取遮阳防晒等措施。必要时，可对粗骨料进行喷雾降温。

9.3.2 高温施工混凝土配合比设计应符合下列规定：

（1）应考虑原材料温度、环境温度、混凝土运输方式与时间对混凝土初凝时间、坍落度损失等性能指标的影响，根据环境温度、湿度、风力和采取温控措施的实际情况，对混凝土配合比进行调整。

（2）宜在近似现场运输条件、时间和预计混凝土浇筑作业最高气温的天气条件下，通过混凝土试拌合与试运输的工况试验后，调整并确定适合高温天气条件下施工的混凝土配合比。

（3）宜降低水泥用量，并可采用矿物掺合料取代部分水泥。宜选用水化热较低的水泥。

（4）混凝土坍落度不宜小于70mm。

9.3.3 混凝土的搅拌应符合下列规定：

（1）应对搅拌站料斗、储水器、皮带运输机、搅拌楼采取遮阳防晒措施。

（2）对原材料进行直接降温时，宜采用对水、粗骨料进行降温的方法。当对水直接降温时，可采用冷却装置冷却拌合用水，并应对水管及水箱加设遮阳和隔热设施，也可在水中加碎冰作为拌合用水的一部分。混凝土拌合时掺加的固体冰应确保在搅拌结束前融化，且在拌合用水中应扣除其重量。

（3）混凝土拌合物出机温度不宜大于30℃。

9.3.4 混凝土宜采用白色涂装的混凝土搅拌运输车运输；对混凝土输送管应进行遮阳覆盖，并应洒水降温。

9.3.5 混凝土浇筑入模温度不应高于35℃。

9.3.6 混凝土浇筑宜在早间或晚间进行，且应连续浇筑。当水分蒸发较快时，应在施工作业面采取挡风、遮阳、喷雾等措施。

9.3.7 混凝土浇筑前，施工作业面宜采取遮阳措施，并应对模板、钢筋和施工机具采用洒水等降温措施，但浇筑时模板内不得有积水。

9.3.8 混凝土浇筑完成后，应及时进行保湿养护。侧模拆除前宜采用带模湿润养护。

9.4 雨期施工

9.4.1 雨期施工期间，对水泥和掺合料应采取防水和防潮措施，并应对粗、细骨料含水率进行监测，及时调整混凝土配合比。

9.4.2 雨期施工应选用具有防雨水冲刷性能的模板脱模剂。

9.4.3 雨期施工期间，混凝土搅拌、运输设备和浇筑作业面应采取防雨措施，并应加强施工机械检查维修及接地接零检测工作。

9.4.4 雨期施工除采用防护措施外，小雨、中雨天气不宜进行混凝土露天浇筑，且不应进行大面积作业面的混凝土露天浇筑；大雨、暴雨天气不应进行混凝土露天浇筑。

9.4.5 雨后应检查地基面的沉降，并应对模板及支架进行检查。

9.4.6 雨期施工应采取防止模板内积水的措施；模板内和混凝土浇筑分层面出现积水时，应在排水后再浇筑混凝土。

9.4.7 混凝土浇筑过程中，对因雨水冲刷致使水泥浆流失严重的部位，应采取补救措施后再继续施工。

9.4.8 在雨天进行钢筋焊接时，应采取挡雨等安全措施。

9.4.9 混凝土浇筑完毕后，应及时采取覆盖塑料薄膜等防雨措施。

9.4.10 台风来临前，应对尚未浇筑混凝土的模板及支架采取临时加固措施；台风结束后，应检查模板及支架，已验收合格的模板及支架应重新办理验收手续。

10 混 凝 土 试 验

10.1 现场试验室的要求

（1）现场标养间降温升温设施应齐全、有效，计量准确可靠、符合要求、记录齐全。

（2）施工现场使用的仪器、设备应建立台账，并按有关规定检定，保持状态良好，定期维护保养。

（3）试验室要与办公区分开，试验室应采用彩钢板房或者装配式板房，试验室应设置标养间、操作间、工作间。其中试验室操作间的面积不小于 15㎡，操作间温度控制在 20±5℃；标养间的温度控制在 20±2℃，湿度控制在 95％以上。操作间和标养间必须安装空调，标养间采用温湿度自控仪和干湿温度计双控措施，操作间挂温度计监控室内温度；工作间应摆放办公桌和资料柜。

（4）试验室必须保持干净、整洁。

（5）试验室必须悬挂试验管理制度。

10.2 现场混凝土试验

10.2.1 现场混凝土试验分类

现场混凝土试件试验主要为抗压强度试验和抗渗性能试验，混凝土试件主要分为三大类：

（1）标准养护试件；

（2）抗渗试件；

（3）同条件养护试件：根据用途又分为实体检验、拆模、出池、出厂、吊装、张拉、放张、临界及施工期间临时负荷九种类型。

10.2.2 试件规格尺寸

（1）抗压强度试验混凝土试件一般采用边长为 100mm 的立方体非标准试件或边长为 150mm 的立方体标准试件。

（2）抗渗试验一般采用上口内径 175mm、下口内径 185mm、高度 150mm 的圆台体。

（3）尺寸公差：

① 试件的承压面的平面度公差不得超过 0.0005d（d 为边长）。

② 试件的相邻面间的夹角应为 90°，其公差不得超过 0.5°。

③ 试件各边长、直径和高的尺寸的公差不得超过 1mm。

10.2.3 试件的留置及要求

（1）混凝土拌合物的取样应符合下列条件：

① 同一组混凝土拌合物的取样应从同一盘混凝土或同一车混凝土中取样。取样量应

多于试验所需量的 1.5 倍，且宜不小于 20L。

②混凝土拌合物的取样应具有代表性，宜用多次采样的方法。一般在同一盘混凝土或同一车混凝土中的约 1/4、1/2、3/4 处之间分别取样，从第一次取样到最后一次取样不宜超过 15min，然后人工搅拌均匀。

③从取样完毕到开始做各项性能试验不宜超过 5min。

（2）对混凝土强度检验，应以在浇筑地点制备并与结构实体同条件养护的试件强度为依据。强度检验应以 3 个试件为一组，抗渗试验应以 6 个试件为一组。

（3）同条件养护试件的留置方式和取样数量应符合下列条件：

①同条件养护试件所对应的结构构件或结构部位，应由监理（建设）、施工等各方共同选定。

②对混凝土结构工程中 C20 及以上的各混凝土强度等级，均应留置同条件养护试件。

③同一强度等级的同条件养护试件，其留置的数量应根据混凝土工程量和重要性确定，不宜少于 10 组，且不应少于 3 组。

④同条件养护试件拆模后，应放置在靠近相应结构构件或结构部位的适当位置，并应采取相同的养护方法。

（4）混凝土同条件试块的留置种类：顶板拆模试块、剪力墙外挂脚手架试块（7.5MPa）、冬期施工混凝土临界强度试块、冬期施工转常温试块、结构实体检验试块、抗渗试块、掺防冻剂的混凝土应留置 56d 试块（先与工程同条件养护 28d，再标养 28d 后进行抗冻试验）。

（5）混凝土同条件试块上应注明：部位、试件编号、制模日期、强度等级、用途。

10.2.4 试件的养护

（1）试件成型后应立即用不透水的薄膜覆盖表面。

（2）采用标准养护的试件，应在温度为 20 ± 5℃的环境中静置 1～2 昼夜，然后编号、拆模。拆模后应立即放入温度为 20 ± 2℃，相对湿度为 95% 以上的标准养护室中养护，或在温度为 20 ± 2℃的不流动的 $Ca(OH)_2$ 饱和溶液中养护。在标养室中试件应放在架上，彼此间距应为 10mm～20mm，试件表面应保持潮湿，并不得用水直接淋。

（3）采用与构筑物或构件同条件养护的试件，成型后即覆盖，表面试件的拆模时间可与实际构件的拆模时间相同，拆模后，试件仍需保持同条件养护。

图 10.2.4-1 混凝土试块养护

图 10.2.4-2 养护室温湿度自动控制仪

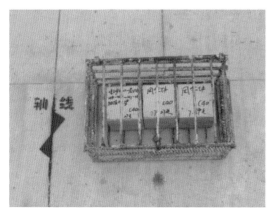

图 10.2.4-3 同条件试块现场养护

（4）为确保模板拆除符合规范要求，采用同条件试块的实际强度，确定模板拆除的时间，执行拆模申请制度。

（5）混凝土试块按规定数量和地点取样，并标识准确。同条件试块也应按规定留置，在哪层打的就放在哪层的钢筋笼子里并加锁。注意见证取样工作。

（6）混凝土等效养护龄期可取日平均温度逐日累计到 600℃·d 时所对应的龄期，0℃ 以下的龄期不计入，等效养护龄期不应小于 14d，也不宜大于 60d。

实体混凝土（600℃·d）测温记录　　　　表 10.2.4-1

工程名称：

时间编号		成型日期		施工单位		
混凝土强度等级		配合比编号		龄期		
年　月　日	最高温度	最低温度	平均温度	累计温度	天数	备注

测温员：　　　　　　　　　　技术负责人：

11　混凝土质量通病及预防、缺陷修整

11.1　混凝土结构缺陷分类

混凝土结构缺陷可分为尺寸偏差缺陷和外观缺陷。尺寸偏差缺陷和外观缺陷可分为一般缺陷和严重缺陷。混凝土结构尺寸偏差超出规范规定，但尺寸偏差对结构性能和使用功能未构成影响时，应属于一般缺陷；而尺寸偏差对结构性能和使用功能构成影响时，应属于严重缺陷。外观缺陷分类应符合表 11.1-1 的规定。

混凝土结构外观缺陷分类　　　　表 11.1-1

名称	现　象	严重缺陷	一般缺陷
露筋	构件内钢筋未被混凝土包裹而外露	纵向受力钢筋有露筋	其他钢筋有少量露筋
蜂窝	混凝土表面缺少水泥砂浆而形成石子外露	构件主要受力部位有蜂窝	其他部位有少量蜂窝
孔洞	混凝土中孔穴深度和长度均超过保护层厚度	构件主要受力部位有孔洞	其他部位有少量孔洞
夹渣	混凝土中夹有杂物且深度超过保护层厚度	构件主要受力部位有夹渣	其他部位有少量夹渣

名称	现　象	严重缺陷	一般缺陷
疏松	混凝土中局部不密实	构件主要受力部位有疏松	其他部位有少量疏松
裂缝	缝隙从混凝土表面延伸至混凝土内部	构件主要受力部位有影响结构性能或使用功能的裂缝	其他部位有少量不影响结构性能或使用功能的裂缝
连接部位缺陷	构件连接处混凝土有缺陷及连接钢筋、连接件松动	连接部位有影响结构传力性能的缺陷	连接部位有基本不影响结构传力性能的缺陷
外形缺陷	缺棱掉角、棱角不直、翘曲不平、飞边凸肋等	清水混凝土构件有影响使用功能或装饰效果的外形缺陷	其他混凝土构件有不影响使用功能的外形缺陷
外表缺陷	构件表面麻面、掉皮、起砂、沾污等	具有重要装饰效果的清水混凝土构件有外表缺陷	其他混凝土构件有不影响使用功能的外表缺陷

11.2　混凝土结构缺陷处理原则

施工过程中发现混凝土结构缺陷时，应认真分析缺陷产生的原因。对严重缺陷，施工单位应制定专项修整方案，方案应经论证审批后再实施，不得擅自处理。

11.3　混凝土结构外观一般缺陷修整

混凝土结构外观一般缺陷修整应符合下列规定：

（1）露筋、蜂窝、孔洞、夹渣、疏松、外表缺陷，应凿除胶结不牢固部分的混凝土，应清理表面，洒水湿润后用 1：2～1：2.5 水泥砂浆抹平；

（2）应封闭裂缝；

（3）连接部位缺陷、外形缺陷可与面层装饰施工一并处理。

11.4　混凝土结构外观严重缺陷修整

混凝土结构外观严重缺陷修整应符合下列规定：

（1）露筋、蜂窝、孔洞、夹渣、疏松、外表缺陷，应凿除胶结不牢固部分的混凝土至密实部位，清理表面，支设模板，洒水湿润，涂抹混凝土界面剂，采用比原混凝土强度等级高一级的细石混凝土浇筑密实，养护时间不应少于 7d。

（2）开裂缺陷修整应符合下列规定：

① 民用建筑的地下室、卫生间、屋面等接触水介质的构件，均应注浆封闭处理。民用建筑不接触水介质的构件，可采用注浆封闭、聚合物砂浆粉刷或其他表面封闭材料进行封闭；

② 无腐蚀介质工业建筑的地下室、屋面、卫生间等接触水介质的构件，以及有腐蚀介质的所有构件，均应注浆封闭处理。无腐蚀介质工业建筑不接触水介质的构件，可采用注浆封闭、聚合物砂浆粉刷或其他表面封闭材料进行封闭。

（3）清水混凝土的外形和外表严重缺陷，宜在水泥砂浆或细石混凝土修补后用磨光机械磨平。

12 混凝土结构质量控制

12.1 混凝土结构质量控制标准

（1）结构工程保持拆除模板后的原貌，无剔凿、磨、抹或涂刷修补处理痕迹。

（2）结构整体质量，混凝土密实整洁，面层平整，阴阳角的棱角整齐平直，梁柱节点或楼板与墙体交角、线、面清晰，起拱线、面平顺。无漏浆、无跑模和胀模，无烂根、无错台、无冷缝、无夹杂物，无裂缝，无蜂窝、麻面和孔洞，无气泡或每平方米气泡面积不大于 $30cm^2$，且气泡分散，气泡最大直径小于 10mm，深度不大于 2mm。

（3）保护层准确，无露筋；预留孔洞、施工缝、后浇带洞口齐整；预埋件底部密实，表面平整；预埋螺栓垂直、外露丝扣有保护措施。

（4）外檐阴阳大角垂直整齐，折线、腰线平顺；各层门窗口边线顺直，不偏斜；各层阳台边角线顺直，无明显凹凸错位；滴水槽（檐）顺直齐整，符合要求。

12.2 混凝土结构允许偏差和检查方法

现浇结构的位置和尺寸偏差及检验方法应符合表 12.1-1 的规定。

现浇结构位置和尺寸允许偏差和检验方法　　　表 12.1-1

项次	项　　目		允许偏差值（mm）	检验方法
1	轴线位置	整体基础	15	经纬仪及尺量
		独立基础	10	经纬仪及尺量
		墙、柱、梁	8	尺量
2	垂直度	层高≤6m	10	经纬仪或吊线、尺量
		层高>6m	12	经纬仪或吊线、尺量
		全高（H）≤300m	$H/30000+20$	经纬仪、尺量
		全高（H）>300m	$H/10000$ 且≤80	经纬仪、尺量
3	标高	层高	±10	水准仪或拉线、尺量
		全高	±30	水准仪或拉线、尺量
4	截面尺寸	基础	+15、−10	尺量
		梁、柱、板、墙	+10、−5	尺量
		楼梯相邻踏步高差	6	尺量
5	电梯井	中心位置	10	尺量
		长、宽尺寸	+25、0	尺量
6	表面平整度		8	2m靠尺和塞尺测量
7	预埋件中心位置	预埋板	10	尺量
		预埋螺栓	5	尺量
		预埋管	5	尺量
		其他	10	尺量
8	预留洞、孔中心线位置		15	尺量

注：1. 检查柱轴线、中心线位置时，沿纵、横两个方向测量，并取其中偏差的较大值。

　　2. H 为全高，单位为 mm。

13 混凝土工程精品图片

图 13-1 框架梁柱接头

图 13-2 框架梁柱节点

图 13-3 墙梁节点

图 13-4 框架梁柱节点（圆柱接头）

图 13-5 地下室柱帽混凝土颜色一致，棱角分明

图 13-6 柱帽混凝土成型效果

图 13-7　框架顶板梁整齐棱角分明

图 13-8　密肋梁棱角整齐分明

图 13-9　井字梁棱角整齐美观

图 13-10　框架梁柱颜色一致，顺直美观

图 13-11　坡屋面混凝土外观，棱角分明（一）

图 13-12　坡屋面混凝土外观，棱角分明（二）

图 13-13 变截面梁位置一致

图 13-14 主次梁交接

图 13-15 顶板平整模板接缝紧密（一）

图 13-16 顶板平整模板接缝紧密（二）

图 13-17 扶墙柱棱角分明（方柱）

图 13-18 扶墙柱平顺美观（圆柱）

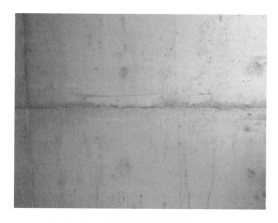

图 13-19　楼梯间墙体接茬效果（一）　　　　　图 13-20　楼梯间墙体接茬效果（二）

图 13-21　电梯井筒接茬严密平整　　　　　图 13-22　外墙接茬整齐美观无漏浆

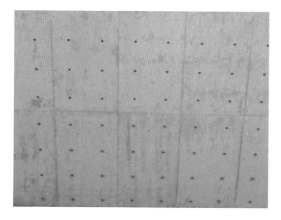
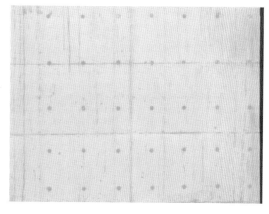

图 13-23　螺杆眼横平竖直，
并在外侧涂刷防水涂料（一）

图 13-24　螺杆眼横平竖直，
并在外侧涂刷防水涂料（二）

图 13-25　墙体模板接缝严密

图 13-26　预留洞位置一致

图 13-27　小构件混凝土颜色一致，棱角分明

图 13-28　预留的留置位置准确规矩

图 13-29　异形楼梯

图 13-30　后浇带混凝土接缝平整光滑

图 13-31 构造柱预埋钢筋

图 13-32 顶板拉毛均匀一致

图 13-33 预应力钢制穴模

图 13-34 预应力钢制穴模拆模效果

图 13-35 验收标识上墙（一）

图 13-36 验收标识上墙（二）